我爱科学

地理大世界

地球的甲胄

奇异的岩石

DIQIUDE JIAZHOU QIYIDEYANSHI

主编◎邵丽鸥

吉林出版集团　吉林美术出版社　全国百佳图书出版单位

图书在版编目（CIP）数据

地球的甲胄——奇异的岩石 / 邵丽鸥编. -- 长春:吉林美术出版社，2014.1（地理大世界）

ISBN 978-7-5386-7801-7

Ⅰ. ①地… Ⅱ. ①邵… Ⅲ. ①岩石－青年读物②岩石－少年读物 Ⅳ. ①P583-49

中国版本图书馆CIP数据核字(2013)第301290号

地球的甲胄奇异的岩石

编　　著	邵丽鸥
策　　划	宋鑫磊
出 版 人	赵国强
责任编辑	赵　凯
封面设计	赵丽丽
开　　本	889mm×1 194mm　1 / 16
字　　数	100千字
印　　张	12
版　　次	2014年1月第1版
印　　次	2015年5月第2次印刷
出　　版	吉林美术出版社　吉林银声音像出版社
发　　行	吉林银声音像出版社发行部
电　　话	0431-88028510
印　　刷	三河市燕春印务有限公司

ISBN 978-7-5386-7801-7

定　价　39.80元

在人类生态系统中，一切被生物和人类的生存、繁衍和发展所利用的物质、能量、信息、时间和空间，都可以视为生物和人类的生态资源。

地球上的生态资源包括水资源、土地资源、森林资源、生物资源、气候资源、海洋资源等。

水是人类及一切生物赖以生存的必不可少的重要物质，是工农业生产、经济发展和环境改善不可替代的极为宝贵的自然资源。

土地资源指目前或可预见到的将来，可供农、林、牧业或其他各业利用的土地，是人类生存的基本资料和劳动对象。

森林资源是地球上最重要的资源之一，它享有太多的美称：人类文化的摇篮、大自然的装饰美化师、野生动植物的天堂、绿色宝库、天然氧气制造厂、绿色的银行、天然的调节器、煤炭的鼻祖、天然的储水池、防风的长城、天然的吸尘器、城市的肺脏、自然界的防疫员、天然的隔音墙，等等。

生物资源是指生物圈中对人类具有一定经济价值的动物、植物、微生物有机体以及由它们所组成的生物群落。它包括基因、物种以及生态系统三个层次，对人类具有一定的现实和潜在价值，它们是地球上生物多样性的物质体现。

气候资源是指能为人类经济活动所利用的光能、热量、水分与风能等，是一种可利用的再生资源。它取之不尽又是不可替代的，可以为人类的物质财富生产过程提供原材料和能源。

海洋是生命的摇篮，海洋资源是与海水水体及海底、海面本身有着直接关系的物质和能量。包括海水中生存的生物，溶解于海水中的化学元素，海水波浪、潮汐及海流所产生的能量、贮存的热量，滨海、大陆架及深海海底所蕴藏的矿产资源，以及海水所形成的压力差、浓度差等。

人类可利用资源又可分为可再生资源和不可再生资源。可再生资源是指被人类开发利用一次后，在一定时间（一年内或数十年内）通过天然或人工活动可以循环地自然生成、生长、繁衍，有的还可不断增加储量的物质资源，它包括地表水、土壤、植物、动物、水生生物、微生物、森林、草原、空气、阳光（太阳能）、气候资源和海洋资源等。但其中的动物、植物、水生生物、微生物的生长和繁衍受人类造成的环境影响的制约。不可再生资源是指被人类开发利用一次后，在相当长的时间（千百万年以内）不可自然形成或产生的物质资源，它包括自然界的各种金属矿物、非金属矿物、岩石、固体燃料（煤炭、石煤、泥炭）、液体燃料（石油）、气体燃料（天然气）等，甚至包括地下的矿泉水，因为它是雨水渗入地下深处，经过几十年，甚至几百年与矿物接触反应后的产物。

地球孕育了人类，人类不断利用和消耗各种资源，随着人口不断增加和工业发展，地球对人类的负载变得越来越沉重。因此增强人们善待地球、保护资源的意识，并要求全人类积极投身于保护资源的行动中刻不容缓。

保护资源就是保护我们自己，破坏浪费资源就是自掘坟墓。保护资源随时随地可行，从节约一滴水、少用一个塑料袋开始……

CONTENTS

目录

轰轰烈烈岩石形成

山岛礁石奇景奇观

奇特地貌奇特岩石

天然石拱巍巍耸立

奇形怪状岩石美景

功能特异神奇岩石

CONTENTS

神秘峡谷奇石岩壁

奇石异像怪石成群

轰轰烈烈岩石形成

岩石组成地壳，可分为大陆型地壳和大洋型地壳两种。地壳上各种岩石的分布是很有规律的，比如，大多数玄武岩分布在海洋底部，组成洋壳，花岗岩分布在陆地上，构成陆壳；而安山岩则往往出现在褶皱带附近，构成岛弧，超基性岩出现在深断裂带，呈带状分布。

地壳上存在着形形色色的岩石，有稀世之珍的各种宝石和玉石等；也有能燃烧、会发光的各种岩石，有供人们游览赏玩的奇石、怪石；也有毫不引人注目的铺路石、奠基石等。面对这些奇岩顽石，人们不禁发问：岩石从何而来呢？岩石是如何形成的呢？我国古代曾有"天星坠地能为石"之说，这是指的陨石；古人看到高山上含螺蚌壳的岩石就说："此乃昔日之海滨也"，这是对沉积岩而言的。可是岩石的种类并不只有这些，那么，岩石究竟是从何而来的呢？

●岩石从何而来 ————————————————————

历史上的水火之争

岩石究竟从何而来，说法众多。如果翻开地学发展史，在启蒙时代的地学界，就曾经有过激烈的水火之争，这是一场十分有趣的岩石成因方面的学术论战。

1775年，德国年轻的地质学家魏尔纳，根据化学家波义耳关于晶体从溶液中结晶出来的实验，提出了花岗岩和各种金属矿物都是从原始海水中结晶沉淀出来的理论。魏尔纳完全否认地球上存在火山作用，并把现代的火山活动解释为煤和硫磺燃烧后剩下来的灰烬。他在哈兹看到花岗岩时，认为那里的花岗岩是"山脉的核心"，是原始地壳，断然否认这种岩石与岩浆活动有任何关系。他的弟子们都拥护他的主张，于是形成了以魏尔纳为首的水成学派。水成派的主要论点是：在地球生成的初期，地球表面全被滚烫的"原始海洋"所掩盖。溶解在这个原始海洋中的矿物质逐渐沉淀，从这些溶解物中最先分离出来的东西是一层很厚的花岗岩，随后又沉积了一层一层的结晶岩石。魏尔纳把结晶岩层和其下的花岗岩统称为"原始岩层"。他认为"原始岩层"是地球上最古老的岩石。他还认为，由于后来海水一次又一次下降，露出水平面的原始岩层，经过侵蚀又形成了沉积岩层。他把这些沉积岩层称为"过渡层"。他认为"过渡层"以上含有化石的地层，都是由"原始岩石"变化产生的东西。他硬说其中夹的玄武岩，是沉积物经过地下煤层燃烧形成的灰烬。

由于水成派主张所有的岩石和矿物都是从水中形成的，这个观点完全迎合了圣经中的洪水说，因而得到了教会的支持，从而成为当时最主要的地质

花岗岩

学派。许多在火山地区工作的地质学家以大量事实驳斥了水成派的观点。法国地质学家得马列，在法国中部一个采石场里，发现了黑色的典型的玄武岩，他一步步地追索这个玄武岩体，终于发现了喷出黑色的典型玄武岩的火山口。这一发现完全证明了玄武岩就是火山爆发出来的岩流。这个事实，给水成派以严重的打击。当人们要和得马列争论时，得马列却不愿意和反对者争辩，他只是说：你去看看吧！

主张岩石是由火山作用形成的地质学家，被人们称为"火成派"。

当水成派与火成派的论争传到英国苏格兰南部的爱丁堡时，酷爱地质学的詹姆士·赫顿已经50岁了。他在综合了大量的地质资料以后，毅然参加了反对水成派的行列。由于他谦虚好学，待人诚恳，孜孜不倦地从事地质研究，所以深受大家敬重。在后来反对水成派的斗争中，赫顿成了火成派的领袖。

1785年，赫顿在格仓·提尔特进行地质调查。在那里，他发现了花岗岩不是成层的，而是呈脉状产出的。由一个大岩体向外分枝，并贯穿了上覆的黑色云母片岩和石灰岩，在接触处还引起了石灰岩的变质。这一发现，完全证明了花岗岩的形成时间比石灰岩等岩石要晚，花岗岩是岩浆侵入作用形成的。为了进一步证明从熔浆中可以结晶出各种矿物晶体的科学道理，赫顿的朋友霍尔特意从意大利维苏威火山地区运来火山岩，把它放在铁厂的高炉中熔化，再让它慢慢冷却，结果成功地证明了赫顿的火成论是正确的。

1788年，赫顿公开宣布了火成论的观点。他认为：由石英、长石等多种矿物结晶所组成的花岗岩，不可能是矿物质在水溶液中结晶出来的产物，而是高温下的熔化物质经过结晶冷却而成的物体。他还认为组成玄武岩的颗粒，也大部分是从熔化状态下逐渐冷却而结晶的产物。

水成派和火成派的争论一直延续了几十年，斗争十分激烈。有一次，两派在苏格兰爱丁堡的古城下开现场讨论会，彼此的指责和咒骂达到了白热化的程度，结果用拳头互相殴斗一场，才散了会。

当时，由于水成派借助于教会的势力，因此，火成派处于孤立地位。那时，赫顿连著作都无法刊印。1797年，赫顿在一片围攻声中愤然去世。但火成派的其他志士仍高举旗帜坚持斗争。

后来，魏尔纳的大弟子布赫在法国和意大利的火山地区调查时，发现了火山岩的存在与煤层无关的事实。另一个大弟子洪堡德远渡重洋来到拉丁美洲，在厄瓜多尔首都附近皮晋查的火山口调查时，亲眼看着火山爆发，从此认识到了火山作用的重要性。他们二人对于水成派的反戈一击，就像一颗炸弹在水成派内部爆炸，使水成派瓦解了。

一度沉沦的火成派东山再起，赫顿的著作问世了，他们又活跃在学术领域。不过火成派在强调"火"的作用的同时，对"水"的作用并不否认。

历史上的水火之争，是水火不相容的。由于科学水平的限制，两派的观点不同程度地都带有片面性。但是论争对于发展中的地质学来说，无疑是作出了一定贡献的，它使地质学向前推进了一步。

稀奇的岩浆湖

在非洲扎伊尔共和国的东部，耸立着一座雄伟的盾形山，海拔3470米。当地人称它为尼腊贡戈火山。"尼腊贡戈"在当地居民的语言中，是"不要到那里去"的意思。看过电影"火山禁地"的人，都会对尼腊贡戈火山留下深刻的印象。山的顶部，有一个直径为1000米的喷火口，好像巨大的深坑，四周布满了疏松的火山喷发物。就在这深百多米的坑底，有一个长100米、宽300米的岩浆湖，通红炽热的熔浆在湖中翻滚嘶鸣，仿佛是一炉沸腾的钢水，这是大自然的一种壮丽奇观。

美国夏威夷群岛上，基拉韦厄火山也有一个岩浆湖可与尼腊贡戈岩浆湖媲美。基拉韦厄是一座盾形火山，海拔只有1247米，但它是直接从海底喷出的。如果把水下部分算进去，火山高度高达6000多米。山顶上的火山口直径为4024米的椭圆形洼地，深度为130多米。在坑底的西南角，还有一个直径为1000米，深400米的圆形深坑，称为"哈里摩摩"，意思是"永恒的火焰之家"，这里长期存在着一个巨大的岩浆湖。从1851—1894年的40年间，它一共只消失过几个月的时间。

岩浆

此外，太平洋中西萨摩亚萨瓦伊岛上的马塔伐努火山，在1905年大喷发的火山口里，曾有一个岩浆湖存在7年之久。其他还有一些岩浆湖，如（1938年）尼亚姆拉及拉、（1929年）维苏威、（1951年）日本硫磺岛和16世纪初中美洲尼加拉瓜的玛沙牙等都有过岩浆湖，但存在的时间都比较短。

岩浆湖里滚烫的熔浆温度高达1000℃~1100℃。岩浆湖上熊熊燃烧的火焰高达4米以上，温度高达1350℃。有人估计，1924年以前的哈里摩摩岩浆湖，每年释放出的热量相当于100万吨左右石油的热量。有人形容尼亚姆拉及拉的岩浆像稀粥一样。就是说岩浆的黏度不大。岩浆黏度的大小与含SiO_2的多少有关，含SiO_2在52%~65%的酸性岩浆，黏度比较大；含SiO_2在45%~62%的基性岩浆，它的黏度比较小，流动性比较大。尼腊贡戈与哈里摩摩岩浆湖的湖面时而升高，时而降低。当地壳深部的岩浆受挤压而上升，到接近地表时，岩浆湖湖面就升高，反之则降低或者消失。在哈里摩摩岩浆通道的顶部，通常塞着一段半固态的熔岩，而液态的岩浆就从下面沿着裂缝涌出，上面形成一个深十几米的岩浆湖，有时湖上还会出现高达几米的岩浆喷泉。

岩浆湖的表面经常会产生暗红色的结皮，好像浮在铁水上的炉渣，堆积起来好像一大捆扭曲着的绳子；结皮不时破坏成饼状，再倾倒沉入白热的岩浆中去。岩浆里所含的气体不断地向外逸散，在湖面上形成一个个飞溅着的气泡，并且继续燃烧，发出很美丽的黄绿色火焰。

地下深处蕴藏着的高温熔融物质，温度可达1000℃。岩浆湖里的岩浆就是从这里挤出来的。过去有人认为岩浆呈圈状包围着整个地球。从最近的地球物理资料看来，岩浆只是局部地存在于地壳深处。由于地质时代漫长，所以把岩浆看成是短时期内生成的较为妥当。当岩浆喷出地表后，喷发物堆积成山，就称为火山。如果岩浆在地壳内固结，就形成侵入岩体。

据统计，当今世界上活动着的火山有600多座，它们平均每年向地球表面喷溢出体积达1亿立方千米的岩浆物质。美国圣·海伦斯火山自1980年5月18日到1982年3月19日，喷出的火山物质达1400亿立方英尺。通过对火山物质的研究，便知道岩浆的基本性质。岩浆的成分很复杂，主要的化学成分是硅酸盐类。在岩浆中，二氧化硅的含量最大，其次是三氧化二铝、氧化亚铁、氧化钙、氧化镁、氧化钠、氧化钾和水，此外，还含有大量的挥发分和成矿金属元素。按SiO_2的含量，可把岩浆分为4类：即超基性岩浆，含SiO_2小于45%；基性岩浆，含$SiO_2$45%~52%；中性岩浆，含$SiO_2$52%~65%；酸性岩浆，含SiO_2大于65%。含SiO_2少的基性岩浆黏度小，流动性大；含SiO_2多的酸性岩浆黏度大、流动性小。

地壳深部和上地幔的岩石发生熔融，或者局部熔融而形成岩浆时，它的体积将急剧增大。因为地壳深部的内压力和温度都很高，如果地壳运动比较强烈，致使地壳发生断裂，从而出现局部压力降低的现象。此时，岩浆就必然沿着断裂带向上移动，上升到地壳上部，或喷溢出地面，这就好像高压水枪在高压下，水会从喷孔射出一样。

地壳深处的岩浆，也可以在向上运移的

火 山

漫长道路上冷却凝固，形成各种各样的侵入岩体。最大的花岗岩体可达数千甚至上万平方千米。人们根据岩浆侵入的深度，分为深成侵入岩和浅成侵入岩两种。

火成岩是由硅酸盐矿物组成的。常见的矿物是长石、石英、黑云母、角闪石、橄榄石和辉石等。前两种称为浅色矿物，或称硅铝矿物，后四种称为暗色矿物，或称铁镁矿物。由硅铝矿物组成的硅铝质岩石，如花岗岩、流纹岩，多呈浅色，有白色、浅灰色、粉红色等。由铁镁矿物组成的铁镁岩石则几乎都是深色的，如深灰、深绿以至黑色。铁镁质岩石较硅铝质岩石的密度要大。大陆上多有硅铝质岩壳层，而大洋下则只有玄武岩和超镁铁质岩壳层。

研究火成岩对于认识地球深部的结构非常重要。大家知道，地球内部具有圈层和不均匀的特点，岩浆可从地球内部把各圈层的物质"俘虏"过来，带到地面上来，从而为研究地球内部物质提供了方便。经研究，人们认为玄武岩中的尖晶石二辉橄榄岩捕虏体是来自50~100千米处的上地幔物质；金伯利岩中含金刚石榴辉岩捕虏体，是来自150千米的上地幔物质。另外，研究火成岩也为了寻找岩石中的矿产，如铬、镍、钴、铂来自超基性岩和基性岩中；钨、锡、钼则与花岗岩有关；斑岩铜矿与安山岩有关等。

沧海桑田话沉积

"沧海桑田"的变化有时就发生在我们身边。例如，大约5000年以前，长江的入海口在江阴附近，现今距东海岸230千米，江阴东面的海域已变为大片的沃土良田了。因为河流携带着大量泥沙，大约每年足有四五亿吨流入海洋，日积月累，年复一年，使河流入海处的海底升高，原来是海的地方填平为陆地。著名的长江三角洲就是大自然赐给人类的美丽富饶的水乡泽国。"白浪茫茫与海连，平沙浩浩四无边。暮去朝来淘不住，遂令东海变桑田。"白居易的诗形象地描写了这种沧桑之变。我国第三大岛——崇明岛，面积有1083平方千米，它就是长江泥沙填平了大海而占据的地盘，这是沧海变桑田最典型的例证。因此说，麻姑看见东海三次变成陆地，也就不足为奇了。据科学家测算，长江三角洲每40年向海中伸展1000米，现在它仍在偷偷地"侵犯"海龙王的领地。黄河携带入海的泥沙每年平均达16亿吨，据考察，就在几万年前，海水曾直拍太行山脚，山东宣陵是海中的孤岛，黄河入海口在洛阳附近的孟津一带。后来，这一片沧海由黄河带来的泥沙冲积成了平原。而且黄河还多次改道，侵夺淮河和海河的入海道，所以黄河造成的三角洲面积也就更大了。它东北侧与河北省的滦河三角洲接壤，东南与江苏北部的海积平原联成一片。我国首都北京、重要工业城市天津，以及历史上的许多古城，如洛阳、开封、安阳等都坐落在这个平原之上。

长江和黄河不仅可以作为沧桑之变的例证，而且也是流水对冲积物搬运和沉积的最好说明。

河流三角洲和海里的泥砂，以及许许多多溶解在水中的物质是从哪里来的呢？原来，自然界的岩石无论多么坚硬，多么结实，在阳光雨水的长期作用下，必然会发生破坏，有的由整体岩石变成碎块，碎块由大变小，变成砂粒和泥土，有的被水溶解，变成溶液，这些物质可由流水、风和冰川等带到山麓、河岸、湖滨、海滩等适当场所，最后一层一层地沉积下来，再经过长期的压固、胶结，最后疏松的沉积物质就转变成坚硬的岩石了。因此说，沉积岩是经过风化、搬运、沉积和成岩作用4个阶段形成的。

将上述环境中形成的沉积岩与岩浆岩和变质岩比较，就可明显地看出沉积岩具有自己的特色。

含化石是沉积岩的特点之一。世界屋脊——珠穆朗玛峰海拔高达8800多米，峰顶为距今4.1亿～5.15亿年的早奥陶纪石灰岩地层，含笔石、三叶虫、鹦鹉螺等化石，在晚些时间的地层中发现鱼龙化石等。这些动植物化石怎么会在珠峰中的呢？原来在几亿年以前，那里是一片汪洋大海，海中生物繁盛。大海接受了周围流水带来的物质，在漫长的地质年代里不断地沉积下来，并逐渐硬结成为岩石，死亡的生物遗体被埋藏在其中保存下来，就形成了化石。后来，随着地壳强烈变动，海底不断上升，就形成了珠穆朗玛峰。沉积岩中的化石非常丰富，有中新世的蛇化石、鸟化石和玄武蛙化石。

海浪

沉积岩的第二个特点是具有明显的层理构造，如河北蓟县、河南林县和其他许多地区的沉积岩都呈层状产出。许多沉积岩在层面上还保存着当时由风、流水、海浪等形成的波浪、雨痕、泥裂、虫迹等。这些层面特征为我们研究沉积岩的生成环境提供了证据。

沉积岩的第三个特点是具有典型的沉积物质，例如黏土矿物、石膏、硬石膏、磷酸盐矿物、有机质、方解石、白云石和部分菱铁矿等在沉积环境中形成的矿物。

沉积岩分布广泛，在我国960万平方千米的土地上，沉积岩占3/4。目前工农业生产的原料，如钾、磷、铁、锰、铝等有90%以上来自沉积岩，可燃性有机岩，如煤、石油、天然气和油页岩全都产在沉积岩里。特别值得重视的是：目前在沉积岩中还发现有大量的稀有元素、放射性元素以及铀、钍、钒、铜、铅、锌等其他矿产。许多沉积岩本身也是优质的建筑材料。

天星坠地能为石

晴朗的夜晚，月光皎洁，抬头仰望夜空，天幕上缀满了星星。在群星中间，有时候可以看到一颗明星，突然离开了天空，飞快地落下，这就是人们常常提起的流星。流星坠落到地球上，称为陨星或者陨石。

我国研究陨石的历史悠久。《春秋》一书中写道："僖公十六年，……陨石于宋五，陨星也。"就是说，公元前644年，在宋这个地方，天上掉下

来五块石头，并肯定说这石头就是陨星。即"星坠至地，则石也。"

1884年，牛顿计算出在24小时内，整个地球上肉眼可以看见的流星足足有2000万颗，每昼夜有3000~2万吨陨石落到地球上来。平常在开阔地方，一小时内光凭肉眼就可以看见4~6颗偶发的流星。但史学家们只记载一些有灾异的陨石。

古代，希腊人已经知道，流星并不真的是星星，因为不论有多少流星坠落下来，天上的星星数目都不见减少。天文学家告诉我们，流星是宇宙中的一粒尘埃，其形状各式各样，"带有芒角"者更是屡见不鲜。大多数流星当坠落到大气层时，与空气摩擦开始燃烧，于是放出带有红色的光亮来，炸裂时带有响声。体积小的流星被烧成灰烬，大体积的流星（5公斤以上）燃烧后的残骸，落到地面上来就是陨石。

一般流星的坠落和自由落体情况相似，只不过在空气中受到氧化燃烧和气流的影响不同罢了。历史记载，流星坠落有几种情况：自上而下坠的，称做"流"；在短距离内因受气流的影响自下而上飞驰的，称做"飞"。史家们也常有飞星的记载。公元235年，红色带芒角的流星，三起三落地坠落，按陨石学的研究认为，这是受气流影响而产生的一种蛇行坠落现象。

到目前为止，在世界范围内收集到的陨石只有近2000块。其中超过1吨重的仅有30多块，最大的一颗重60吨，是1920年在西南非洲找到的，名叫"戈巴"，体积为3米×3米×1米，现在仍保留在发现的原地。第二重的一块为33.2吨，是1818年在格陵兰岛上发现的，现在陈列在纽约。第三重的一块是1898年在我国新疆准噶尔盆地东北部的青河县发现的，重30吨，取名"银骆驼"，现在乌鲁木齐博物馆陈列。

19763月8日，我国东北吉林地区下了一场世界罕见的陨石雨，共收集到200多块陨石标本，重2600多公斤。而从1800—1950年的160年间，全球大陆上收集到的陨石标本仅有670多块。可见，收集一块陨石也是很不容易的事。

天文学家和地质学家对陨石进行了长期的研究，测得它的密度为3~8克/

厘米^3，比地球外壳的密度大。按成分，陨石可分为3类，即铁陨石、石陨石和石铁陨石。

第一类，石陨石。主要由硅酸盐物质组成，完全是普通石头的模样。密度3～3.5克/厘米^3。石陨石内部往往散布着许多球状颗粒，最大的球粒像豌豆一样大，小的有绿豆大，最小的有芝麻大小，这叫做球粒结构。含有球粒结构的陨石，叫做球粒陨石，成分中橄榄石占46%；辉石25%，铁镍12%，斜长石11%，其他矿物6%。另外有些不含球状颗粒的陨石，就叫做无球粒陨石。1976年3月8日在吉林地区坠落的陨石雨，就是含有球粒结构的石陨石。据考古发现，欧洲旧石器时代的古罗马农民曾利用石陨石来做石器；菲律宾、马来亚新石器时代人，也曾用石陨石来制作石器。

第二类，铁陨石。这种陨石主要由金属铁和镍组成，含铁90%、镍8%，此外还有钴、铜、磷、硫等。外表很像铁块，密度8～8.5克/厘米^3。在陨铁中，镍的含量比地球上自然铁的含镍量高得多。在地球上的自然铁中，镍的含量一般在1%以下，最高不超过3%，而在铁陨石里镍的含量却超过5%，甚至超过30%，含量如此之高，简直是一块"宇宙合金"了。我国的"银骆驼"，含铁88.67%，含镍9.27%，此外还含有钴、磷、硅、硫、铜等元素。

大多数铁陨石有一个特殊标志：如果把它的表面磨光，磨到像镜子一样的发亮，然后用硝酸或其他稀溶液浸湿，经过大约5～10分钟后，原来光亮的表面上就会出现一种由交叉的条带组成的花纹，呈网状。而条带又被一些发亮的狭窄细带所围绕。在地球上的自然铁中是没有这种花纹的。科学工作者通过实验，发现熔化的镍铁在非常缓慢冷却的过程中，才会结晶出这种特殊的花纹。

人们从古埃及和美索不达米亚等地发掘出来的铁锤是铁镍合金，而且含有少量的钴。显然，它是用天然合金——陨铁制成的。有人曾在迦勒底地方发现了一把匕首，据考证，是公元前3000年的制成品。由化学分析得知，它是含镍10%的镍铁合金，显然，原料是陨石。考古学者认为：公元前几千年，人类在未经开发的地区，努力寻找陨铁，因为他们很想得到纯的金属去制造锐利的武器。多少年来，人们认为陨铁具有特殊的质地，在阿拉伯、蒙古和格陵兰等地，直到19世纪，还用陨铁来制造腰刀、匕首、箭头、斧子等武器。

第三类，石铁陨石。含有氧化铁和钠、钙、铝、铜等元素，其外表像石头和铁的混合体。在这类陨石中，硅酸盐物质和铁镍物质的含量差不多，密度5.5～6克/厘米^3，形态各异。其中，有一种"橄榄陨铁"，它像一块铁海绵，中间的空洞被圆形或多角形的玻璃状石质颗粒矿物所充填。另一种叫"中陨铁"，它的本身是石质硅酸盐物质，其间散布着许多铁镍颗粒。

坠落到地面上的三种陨石，以石陨石的数量最多，占93%；铁陨石比较少见，占5.5%；石铁陨石最少，占1.5%。但博物馆中所收藏的多半是铁陨石，因为铁陨石是金属块，容易被人们认识，而石陨石却经常被人错认为是普通石头，不予重视。

陨石以每秒十几千米的速度向地球飞来，在大气层中摩擦燃烧，表面熔化而形成蚌壳状的气印。熔壳内部，一般是灰色、黑色的石质和铁质组成的固体物质，由铁、镍、钴、镁、硅、氧、铬、锰、钛、锡、铝、钾、钠、钙、砷、磷、氮、硫、氯、碳、氢等元素组成。这些元素和地壳上常见的元素相同。

陨石中还含有生命物质。1969年9月，在澳大利亚坠落的一块碳质球粒陨石。经分析，含有一定数量的碳和水，并含有18种氨基酸和其他有机物。

1976年3月8日，我国吉林地区坠落的"吉林陨石雨"中也发现有11种氨基酸和叶啉、色素、异成二稀烃等多种有机化合物。这些有机物质，目前还处于初始状态，一旦条件适宜就能产生出生命来。

陨 石

一般认为：陨石和行星都是太阳系的早期产物，它们很可能是在相当接近的时间里，相继从原始太阳星云中分离、凝聚而成。陨石的年龄同地球、月球等星体一样，已经46亿岁了。

由于宇宙航空事业的兴起，航天器观察到月球表面满目疮痍，形状奇特，很像一个运动场，中央是一块平地或稍微凸起的山丘，四周高起成山，叫做环形山。经调查认为，这是由巨大的陨石坠落时冲撞而成的"伤痕"。甚至有人提出，加拿大肖德贝里铜镍硫化物矿床，就是一个坠落的直径在4千米以上的大陨石。

陨石是我们可以拿到手的天体物质，是从天上"摘"下来的星星，也是送上门来的天然史料。因此，陨石是珍贵的宇宙来客。它不仅为人们带来许多宇宙的消息，并且为许多自然科学研究领域提供了不可多得的情报。因此，引起了天文学家、地质学家和冶金学家的兴趣，也引起了研究宇宙和太阳系起源问题的宇宙论学者的重视。

到月宫去考察

古往今来，每逢中秋佳节，那夜空高悬的皓月，不知引起人们多少神奇的猜想，也不知触发过多少人的情思。人们凭着美妙的幻想，编出许多动听的故事，描绘出像嫦娥、吴刚、月下老人、广寒宫、桂树、玉兔等人和物的形象，表达人们对神秘莫测的月球的向往。近来，随着科学的发展，人们不但可以用望远镜观察月球，还能到月球上去旅行和考察。1967年7月24日，两名宇航员乘坐的"阿波罗"宇宙飞船在月球上安全着陆，他们走出船舱，向周围瞭望，啊!好宽阔的月面。古人爱把月球比喻成明镜，水晶盘，给人以小巧玲珑的印象。然而，月球却是一个由岩石组成的大球体。它的直径有3476千米，大约是地球直径的1/4，体积是地球的1/49，面积相当于我国的4倍，重量是地球的1/81。月球的引力只有地球的1/6，也就是说，6千克重的东西到了月球上只有1千克重了。宇航员在月球表面上行走，身体飘飘然似乎很

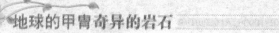

轻，甚至可以飞起来。

在月球上，不论白天和夜晚，都能看到满天星斗，光彩夺目，可是星星从不闪烁，因为月球上没有空气，大气只有地球的百万分之一左右。月球上也没有水分，所以在月面上，没有蓝天白云，没有风雨雷电，也没有四季之分，天空总是暗黑色。月球上的日子也是漫长的，地球上一个月，月球上才过一昼夜。月温相差悬殊，白天最高温度在零上137℃，夜间下降到零下183℃。

与我们所想象的月宫情况相反，月球上面一片荒凉。那里峰峦叠嶂，沟壑纵横。我们所看到的月球上的明暗现象，就是这些高山平原的反映。其中，最引人注目的是那些大大小小的、数以万计的环形山。最小的环形山直径不到1000米，最大的环形山叫雨海，直径达295千米。科学家认为，它们是火山爆发的火山口，或者是陨石撞击月面形成的凹穴。

科学家们形容月球是一个"盛着小包熔岩的硅酸盐密封坩埚"。月球构造大致可以分为三层：最外层是月壳，其厚度为40～45千米；中间是月幔，上层月幔厚约240千米，中间月幔厚达480千米以上，这两层均为固态，但具可塑性，内层月幔处于局部熔融状态；中心部分是核，它的温度约1000℃，远不如地球那么热（地核温度为5000℃～6000℃），可能由熔融物质构成。

过去，地球的伴侣——月亮，除了给地球带来月光、潮汐和日食之外，它的贡献是很小的。然而，在"空间科学"兴起的今天，月球将成为人类探索宇宙空间的前哨，停泊飞船的良港。而且，对月球本身的深入研究，会有助于揭开地球和太阳系起源之谜。

1967年7月24日，美国的"阿波罗"11号宇宙飞船飞抵月宫，从月球上采集了样品，1969年11月到1972年12月，美国依次完成了"阿波罗"12、14、15、16、17号五次飞行，共采集月球样品270多千克。1970年9月至1972年2月，前苏联L-16和L-20自动站也分别在月球上着陆，并采回少量的月球样品。从1967年人类第一次登上月球以来，已有27名宇航员飞往月球，并采回850多千克月岩样品，对月球上的地质情况有了比较深入的了解。

1978年美国总统卡特送给我国一块"阿波罗"17号载人飞船取回的月球岩石样品。样品重1.3克，呈深褐色，里边含有一种白色矿物，一种黑色粒状矿物，一种浅蓝色矿物，还有一种浅色矿物。经中国科学院用中子活化分析、X射线电子能谱、电子探针定量分析、质子激发X射线分析、火花源质谱分析、扫描电镜、热释光测定等国内先进的分析手段分析，发现月岩中含有55种矿物。其中有三斜铁辉石静海岩，新的富锆矿、低铁假板钛矿等5种地球上未曾发现过的新矿物。

宇航员在月球上考察得知，月面上铺满了厚厚的一层土壤和灰尘，人们称它为月壤和月尘。月壤平均厚约4米，由凝聚性很弱的碎片物质组成。月壤的形成主要是陨石撞击月球和火山作用的结果。从化学成分来说，月壤的特点是含镍和锆很高，二氧化钛的含量较低。月壤的颜色为红色、褐色、绿色和黄色。月尘的直径小于1毫米，一般为30微米到1毫米，含有玻璃碎片、斜长石、单斜辉石、钛铁矿、橄榄石、陨硫铁、自然铁碎片和直径小于1毫米的球状镍铁。月尘的颜色与月壤相近，多为红、褐、绿和黄色。

月岩的矿物学和岩石学研究表明，月球岩石与地球岩石有许多相似之处，但月岩全是火成岩，没有沉积岩和变质岩。月球岩石类型可分为月海玄武岩、含有放射性元素的非月海玄武岩，高地岩石（由辉长岩、紫苏辉长岩、斜长岩组成）等5种主要岩石。

月海玄武岩具有气孔，表明它也是由岩浆冷凝形成的。组成月海玄武岩的主要矿物是斜长石、辉石、橄榄石和钛铁矿。同位素测定，岩石的年龄大多数在31.5亿～38.5亿之间，看来是由月球内部富铁和贫斜长石的岩石，由于放射性加热而部分熔融产生的，不是月壳原始各异的产物。

含有放射性元素的非月海玄武岩，含斜长石较高，而含铁镁矿物较低，地质学家将这种分布在台地和高地上的苏长岩又称为非月海玄武岩。将一种新型的富含钾、稀土及磷的岩石，命名为克里普（KREEP）岩，这种岩石从化学成分看是玄武岩，但其中铀、钍、钾、铷、钡及稀土等元素的含量比较

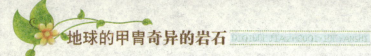
高，甚至比陨石的含量还高5倍。

组成月球台地或高地的岩石叫高地岩石，主要为富铝斜长岩岩石，其中含有70%的斜长辉长岩。

岩石形成的真正原因

如今，科学家们借助先进的科学设备，已经逐渐摸清了岩石的形成缘由。

如果按质量计算，在地壳中，约有3/4的岩石都是由地球内部的岩浆冷却后凝结而成的，这种岩浆被称为"岩浆岩"或"火成岩"。其中花岗岩就属于岩浆岩。在地球上，目前还可以看到火山爆发后喷出的温度高达1000℃以上的液态的岩浆，经过冷却后形成的坚硬岩石。岩浆岩是在地下形成的，因此它分布在地表上的并不多，一般都埋藏在比较深的地下。

有少数的岩石是泥沙、矿物质和生物遗体等，经过长期沉积在江湖和海洋底下，再经过长期的紧压胶结，以及地球内部热力等作用，逐渐变成了岩石。这种岩石称为"沉积岩"，如砂岩、页岩和石灰岩等。尽管沉积岩所占的比例不多，但它多数分布在地表面上，因此也容易被人看到。

在岩浆岩和沉积岩形成之后，由于受地壳内部的高温高压作用，性质和结构逐渐发生了改变，就形成了另一种岩石——变质岩。石英岩、大理石岩等，都属于变质岩。

其实，岩浆岩、沉积岩和变质岩这三种岩石之间还是可以互相转化的。比如，埋在地下的变质岩可以被地壳运动推到地表面，在地表面再形成新的沉积岩。的确，岩石正是经过这种长期的各种条件的作用，才由其他物质转变成的。

知识点

潮汐现象是指海水在天体（主要是月球和太阳）引潮力作用下所产生的周期性运动，习惯上把海面垂直方向涨落称为潮汐，而海水在水平方向的流动称为潮流。潮汐现象是沿海地区的一种自然现象，古代称白天的河海涌水为"潮"，晚上的称为"汐"，合称为"潮汐"。

延伸阅读

　　传说在东汉汉桓帝时，有一位神仙叫麻姑。她应道士王方平的邀请，降临蔡经家里。麻姑很年轻，看上去大约只有十八九岁的样子。王方平感到惊奇，便问她说："您多大年纪了？"麻姑没有直接回答，只是说："自从我下凡以来，已经三次看到东海变成桑田。这次我路过蓬莱，看见海水比过去又浅了一半，或许不久又要变为桑田吧！"

　　这本来是一个神话故事，记载在晋代葛洪编写的《神仙传》里。麻姑是虚构的人物，但麻姑所说的东海会变成桑田却说明，海陆变迁的自然现象早为我们的祖先所觉察，所以才有"沧海桑田"这句成语出现。

●岩石的学问------------

　　我国古代研究岩石的学者有北宋的沈括和明代的徐霞客。早在11世纪，沈括就已经认识到华北平原原来是大海，经河流泥沙长期沉积变成了陆地，他所著的《梦溪笔谈》被英国的科学史家李约瑟誉为"科学史的坐标"。徐霞客（1586—1641）27岁开始调查石灰岩溶洞，踏遍了南方各省，与长风

徐霞客

为伍，云雾为伴，洞穴为栖，绝粮不悔，重病不悲，献身于探索大自然的奥秘。他43年如一日，所到之处，一山一石，一洞一穴，全记载下来，后来写成名著《徐霞客游记》。

几百年以来，对于岩石的研究已经发展成为一门学科，这就是岩石学。它的任务主要是研究岩石的物质组成、结构、构造、产状、成因、分布情况，以及有关的矿产等，岩石的学问是相当丰富的。

岩石是由矿物组成的。目前已经知道的矿物有3000多种，但常见的岩石中，只含有十多种矿物，其中经常看到的有长石、石英、辉石、角闪石、橄榄石、云母和方解石等。它们占岩石中所有矿物的90%以上。

绝大多数矿物都是晶体，它内部的原子或离子都按照一定秩序、有规律地排列起来，组成具有一定结构、一定形状的固态物质，称为结晶矿物。绝大多数岩石是由结晶矿物组成的。例如，我国旅游胜地黄山、九华山上的花岗岩，都是由结晶矿物组成的。但是，自然界也有极少数的岩石是非结晶物质——玻璃质组成的，如具有隔热隔音性能的珍珠岩。

在岩浆岩中，经常还可以看到一些饶有趣味的矿物组合关系。如在肉红色的板状钾长石晶体中，镶嵌着尖棱状的烟灰色石英晶体，俨如古代的象形文字，岩石学家称它为文象结构。

在海洋、湖泊和河流环境里形成的岩石，往往包含有较多的水生生物的骨骼，形成生物结构。而沉积岩结构大都很像南方的花生糖和芝麻糖那样，原来岩石风化破碎成的矿物碎屑及岩屑像花生粒和芝麻粒，胶结物就像糖一样把它胶结起来，这就是胶结结构。

岩石中各种矿物的排列情况也是多种多样的。火山爆发时，熔浆边流动边凝固，造成不同颜色的矿物、玻璃质和气孔沿一定方向呈流状排列，就像河里放木排一样，可以指示熔浆流动的方向，称为流纹构造。海底火山爆发时，熔岩流在海水中形成枕头状，一块一块互相叠堆，称为枕状构造。

有些岩石中的暗色矿物和浅色矿物相间成条带状排列，称做条带构造。

沉积岩往往是成层状产出的，有的层薄得像纸一样，有的厚达几米。采石工人采石时，凭经验，他们总是顺着岩石的层理开采。岩石的层理是由沉积物的颜色、成分和颗粒大小的不同显示出来的。在有的层面上，还可以见

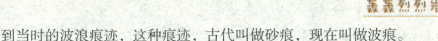

到当时的波浪痕迹，这种痕迹，古代叫做砂痕，现在叫做波痕。

岩石的学问，不仅在于它们的组成矿物的多样性、结晶形状的差异性和构造的多变等方面，而且还表现在成因、分布规律、与矿产的关系上。几百年来，许多岩石学工作者，夜以继日、年复一年地埋头于岩石研究，在岩石里探索着它的奥秘。

19世纪中叶，岩石学开始成为一门独立的学科。当时资本主义工业迅速发展，对矿产资源的要求与日俱增，随着矿业的发展，积累了大量的矿物和岩石资料，推动了岩石学的发展。在岩石学的发展史上，偏光显微镜的出现是一个转折点。1828年，尼柯尔发明了偏光镜，并装制成了偏光显微镜。后来，英国的索尔比制成岩石薄片，于是开始了用显微镜研究岩石的新时代。

岩石的研究，大致上可以分为两个阶段。第一阶段是野外地质调查，目的在于弄清岩石的产出状态、与周围岩石的关系、岩石的矿物成分、结构、构造，并大体确定岩石的类型和名称等。第二阶段是在实验室里用各种仪器，如偏光显微镜、X射线衍射分析、光谱分析、红外光谱分析、化学分析，对岩石的矿物成分和化学成分做比较精确的鉴定，并对岩石所含微量元素作大型光栅光谱、X荧光光谱、质谱和中子活化分析等。

岩石虽然只占地球质量的0.7%，占地球总体积的1.4%。然而，这是一个不小的数字，它的体积竟达1500亿亿立方米，质量有4300亿亿吨。而今，我们能直接观察到的岩石，只是很小的一部分，了解也是很肤浅的。我们深信，随着科学的发展，对于岩石的研究会更深刻，岩石的学问肯定将比现在要多得多。

知识点

《梦溪笔谈》记述了沈括对浙江雁荡山、陕北黄土高原地貌地质的考察，明确提出了流水侵蚀作用说。该书还通过对化石的讨论来论证古今气候变化，对矿石资源亦有涉及，指出江西铅山山涧水中有胆矾，可以炼铜；发现陕北的石油可以用于照明和制墨（卷二十四）。

延伸阅读

《徐霞客游记》是以日记体为主的中国地理名著。明末地理学家徐弘祖（一作宏祖，号霞客）经34年旅行，写有天台山、雁荡山、黄山、庐山等名山游记17篇和《浙游日记》《江右游日记》《楚游日记》《粤西游日记》《黔游日记》《滇游日记》等著作，除佚散者外，遗有60余万字游记资料，死后由他人整理成《徐霞客游记》。世传本有10卷、12卷、20卷等数种，主要按日记述作者1613—1639年间旅行观察所得，对地理、水文、地质、植物等现象，均做详细记录，在地理学和文学上卓有成就。

●岩浆岩

"火成岩"

岩浆岩又叫"火成岩"。是由地球内滚烫的岩浆冷凝而成的一类岩石。岩浆来自地幔或地壳深处，温度相当高，受到的压力也很大，所以活动能力很强。当地壳的某些地方产生裂缝时，它就会拼

火成岩

命地挤向地表。有的在地壳中停下来，在其他岩石中慢慢地冷凝，这样形成的岩浆岩叫做"侵入岩"。根据形成的部位的深浅，又可分为"深成岩"和"浅成岩"。有时岩浆上涌的力量大到可喷出地面，形成火山爆发。喷出来的熔融岩浆及碎屑物质等堆积冷凝后形成的岩浆岩叫做"火山岩"，又叫"喷出岩"。岩浆岩是组成地壳的主要岩石，从地面到地下1.6米的地方，岩浆岩的体积几乎占到95%。在岩浆岩的形成过程中，随着岩浆的上升，温度逐渐下降，它就不断地结晶出各种各样的矿物，当某些有用矿物聚集到一定数量，就成为矿产资源。所以，岩浆岩中孕育着许多宝藏。

火成岩的分类

火成岩可分成如次之种类：晶体粗大之酸性火成岩为花岗岩，细小至肉眼不能辨识者为流纹岩；晶体粗大之中性火成岩为闪长岩，细小者为安山岩；晶体粗大之基性火成岩为辉长岩，细小者为玄武岩；晶体粗大之超基性火成岩为橄榄岩，此种火成岩无晶体细小者。晶体特大之火成岩统称伟晶岩，但应指明其为伟晶花岗岩、伟晶闪长岩，或伟晶辉长岩。此外，不论其成分如何，岩浆在地面凝固时通常不暇结晶。此等不结晶火成岩均为火山岩，或成块状无结构之玻璃，酸性及中性者成黑耀石或浮石，基性者成玻璃质玄武岩，或在喷发时破碎成火山角砾岩或凝灰岩。火成岩以岩基或岩脉形体侵入较古岩层，倘再穿至地面，则成火山。火成岩不仅为一切其他岩石之原料及多种矿产之母体，且为全球水分之来源。不论在深处或浅处，火成岩通常仅在地壳正有强烈活动之时之地出现，并非一时处处或一处时时有为火成岩前身之岩浆活跃。岩浆在地下或喷出地表后冷凝形成的岩石，又称岩浆岩。大部分火成岩是结晶质的，小部分是玻璃质。火成岩的形成温度较高，一般介于700℃～1500℃之间。岩浆在地下冷凝固结形成的岩石称侵入岩，喷出地表冷凝固结形成的岩石称喷出岩。火成岩主要由硅酸盐矿物组成，在地壳中具有一定的产状、形态。许多金属矿产与非金属矿产都与火成岩有关，

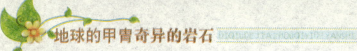

有时它本身就是重要的矿产资源。

现在已经发现700多种岩浆岩，大部分是在地壳里面的岩石。常见的岩浆岩有花岗岩、安山岩、流纹岩、浮岩、珍珠岩及玄武岩等。一般来说，岩浆岩易出现于板块交界地带的火山区。

花岗岩

花岗岩也叫"花岗石"。是一种坚固美观的侵入岩。由地球内部滚热的岩浆在地壳内慢慢冷却而形成。它含有许多颗粒大而颜色不同的矿物，主要是石英和长石，所以颜色一般较浅，大多为灰白色和肉红色，其中的花点，则是黑云母等矿物。花岗岩分布非常广，常形成巨大的岩体。中国著名的黄山、华山、八达岭等都是由花岗岩构成的。花岗岩可以磨光，雕刻图案或文字，又不容易磨损，许多大型、纪念性的建筑物都用它做石料。如人民英雄纪念碑的数十米高的碑身用石，就是产于山东青岛的青岛花岗岩。

在江苏苏州城外，有一座金山，所产的花岗岩质量居全国之首。人们又称它为"金山石"。它比较经得住酸碱的腐蚀，而且还经得起重压，一块30厘米见方的金山花岗岩能承受82吨的重压。加上它石质纯净细密，外观洁白晶莹，成为深受欢迎的优质建筑石料和石雕材料。如北京军事博物馆、毛主席纪念堂、南京长江大桥、雨花台烈士群雕等都用上了金山花岗岩。

安山岩

安山岩是中性的钙碱性喷出岩。与闪长岩成分相当。安山岩一词来源于南美洲西部的安第斯山名Andes。分布于环太平洋活动大陆边缘及岛弧地区。产状以陆相中心式喷发为主，常与相应成分的火山碎屑岩相间构成层火山。有的呈岩钟、岩针侵出相产出。安山岩火山的高度最大，一般高500～1500米，个别可达3000米以上。

安山岩的色率一般为20～35，其标本上呈灰、黑、红、紫、褐等色，蚀变后呈绿色，斑状结构。斑晶主要为斜长石及暗色矿物。其中斜长石以中长石、拉长石为主，常具环带及熔蚀结构。常见暗色矿物有辉石（普通辉石、紫苏辉石）、角闪石和黑云母。基质主要为交织结构及安山结构（玻基交织结构），由斜长石（更长石、中长石为主）微晶、辉石、绿泥石、安山质玻璃等组成，碱性长石、石英少见，仅个别填充于微晶间隙中。副矿物以磷灰石及铁的氧化物为主。

石　英

流纹岩

流纹岩是一种浅灰色或灰红色的火山喷出岩。主要由浅色的石英、长石等矿物组成，是颜色较浅的火山喷出岩之一。构成流纹岩的岩浆黏稠性很大，当它喷出地表，还在缓慢流动时，就被冷凝了。所以，流纹岩中不同颜色的物质都呈平直或弯曲的流动状排列，如同流水的波纹，给人以动感。如果岩石中有一块较大的矿物晶体，其流纹会像水流绕过石头一样绕道而流。在自然界，流纹岩常形成奇特的岩钟、岩塔等。被誉为"天下奇观"的雁荡山，就是主要由流纹岩构成的。流纹岩坚硬致密，可做建筑材料。

白云母在花岗岩中是常见的矿物，而在流纹岩中则非常罕见，或者仅仅是作为一种蚀变产物。在多数花岗岩中，碱性长石是一种含钠很少的微斜长石（即微斜纹长石）；然而，在多数流纹岩中却是透长石，常常富含钠。钾大大超过钠的情况在花岗岩中是不常见的，除非是热液蚀变的结果，在流纹岩中则并不少见。世界各地和各个地质年代都有流纹岩发现。流纹岩主要限于在大陆上或紧靠大陆的边缘上，但其他地方也有。据报道，在远离任何大

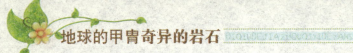

陆的大洋岛屿上也有少量流纹岩（或石英粗面岩）。

玄武岩

玄武岩是一种灰黑色、多气孔的火山喷出岩。主要由颗粒细小的深色矿物组成。当来自地壳深处的岩浆喷出地面冷凝时，其中所含的气体物质会很快挥发逸出，从而在形成的岩石中留下一些圆形或椭圆形的气孔。有时在这些气孔中又充填了方解石等浅色矿物，人们就形象地叫它"杏仁构造"。因为岩浆冷却凝固时会收缩，所以常使冷却后的玄武岩体产生许多纵向的裂隙，成为一个个长而规则的直立柱状体，犹如无数把巨大的筷子，排列整齐，被紧紧地捆在一起，插在地上。有的柱体高达数十米，远远望去，气势十分雄伟。玄武岩是分布最广的一种火山岩。中国的峨眉山、五大连池及印度德干高原、英国北爱尔兰巨人台阶等都是由玄武岩组成的。在占地球表面积70%的海洋中，其洋底几乎全由玄武岩构成。利用玄武岩的柱状裂隙，开采方便，所以它常被用来做桥基、房基等建筑材料和良好的水泥原材料。20世纪80年代初，诞生了用玄武岩制造的纸，它的厚度约为普通纸的1/5，不怕水、不怕火、不发霉，又十分耐磨，被称为"最佳纸张"。

珍珠岩

珍珠岩是一种具有珍珠光泽和珍珠状球形裂纹的火山喷出岩。主要成分是含有少量水的二氧化硅。当岩浆喷出地表时，由于温度剧降，岩浆急速冷却凝固，其中的水分来不及

珍珠岩

挥发，就被包含其中。岩石上珍珠状的球形裂纹也是因快速冷凝产生的收缩作用而造成的。珍珠岩经过燃烧热处理后，可成为膨胀的珍珠岩，体积可膨胀8～15倍，内部因失去水分而呈蜂窝状。具有质轻、防潮、隔音、抗冻及耐高温等性能，广泛用于工业部门，建筑业更是大量需要，尤其是现代高层和超高层建筑。用膨胀珍珠岩制成的抹墙灰砂浆，比一般灰砂浆轻60%，性能却大大优越。珍珠岩在农业上被用来改良土壤，美国有人用它来改良动物饲料，促进动物生长。匈牙利已制造出一种专吸油类的珍珠岩制品，可净化河流、湖泊中遭受油类污染的水。

浮　岩

浮岩又叫"浮石"。是一种能漂浮在水面上的浅灰色火山喷出岩。其组成物质与流纹岩差不多，不过形成它的岩浆含的挥发性气体特别多，这些气体在岩浆冷却过程中挥发逃逸了，所以气孔特别多，重量也非常轻。浮岩常常分布在火山口附近，与其他火山岩及火山灰共生。除了可做水泥材料外，还能加工成砌块和混凝土的材料，用于墙体、屋面等，既减轻了建筑物的自重，又具有保温、隔音等性能。化学工业中用浮岩做。过滤器、干燥剂和催化剂。浮岩还经常出现在洗澡堂里，成为人们称心的搓脚石。被流水冲刷过的浮岩，犬牙交错，像锯齿，如山峰，也可作为制盆景的假山石材料。

在非洲马里的尼日尔河一带，渔民们利用当地的浮岩制成小渔船，省去了不少木料。据说这种石船的表面具有很强的耐磨蚀性能，经久耐用。

知识点

河北省兴隆县有一种流纹岩，石面上的流纹竟是鲜花般的花纹。将石面磨光后，花纹更加清晰，一朵朵宛如深秋盛开的菊花，人们叫它"菊花状流纹岩"。形成这种流纹岩的岩浆黏度很大，还含有较多的深色矿物，当它突然喷出地表，一下子冷却时，深色矿物来不及结晶而成为一些极细小的"雏晶"，这些"雏

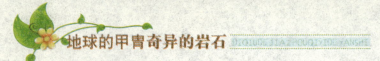

晶"矿物在岩浆冷凝收缩力的作用下，就形成了放射状的"菊花"。

延伸阅读

晶体，即是内部质点在三维空间呈周期性重复排列的固体。

组成晶体的结构微粒（分子、原子、离子、金属）在空间有规则地排列在一定的点上，这些点群有一定的几何形状，叫做晶格。排有结构粒子的那些点叫做晶格的结点。金刚石、石墨、食盐的晶体模型，实际上是它们的晶格模型。

晶体按其结构粒子和作用力的不同可分为四类：离子晶体、原子晶体、分子晶体和金属晶体。固体可分为晶体、非晶体和准晶体三大类。

具有整齐规则的几何外形、固定熔点和各向异性的固态物质，是物质存在的一种基本形式。固态物质是否为晶体，一般可由X射线衍射法予以鉴定。

晶体内部结构中的质点（原子、离子、分子）有规则地在三维空间呈周期性重复排列，组成一定形式的晶格，外形上表现为一定形状的几何多面体。组成某种几何多面体的平面称为晶面，由于生长的条件不同，晶体在外形上可能有些歪斜，但同种晶体晶面间夹角（晶面角）是一定的，称为晶面角不变原理。

晶体按其内部结构可分为七大晶系和14种晶格类型。晶体都有一定的对称性，有32种对称元素系，对应的对称动作群称做晶体系点群。按照内部质点间作用力性质不同，晶体可分为离子晶体、原子晶体、分子晶体、金属晶体等四大典型晶体，如食盐、金刚石、干冰和各种金属等。同一晶体也有单晶和多晶（或粉晶）的区别，在实际中还存在混合型晶体。

●沉积岩

"水成岩"

沉积岩又叫"水成岩"。是由松散沉积物质层层沉积并固结而成的岩石。暴露在地球表面的岩石，经过长期的风吹、雨淋、日晒、冰冻，以及生物的破坏，逐渐变成了碎块或粉末，它们被流水或风等搬运到湖泊、海洋等低洼地区，随着水流或风力速度的减小，就停积下来。天长日久，搬运来的物质越积越厚，越压越结实，便成了坚硬的沉积岩。所以它的剖面上可以看到很明显的一层叠一层的层理，并且常能发现古生物的化石。沉积岩在地球表面的分布面积达75%，是构成地壳表层的主要岩石。种类很多，常见的如烧石灰用的石灰岩、磨刀用的砂岩等。此外，还有颗粒很粗的砾岩和颗粒很细的黏土岩，以及可以一层层剥开的页岩等。

在山东省沂蒙山区，有一个叫做山旺的山岗，在那里随手捡一块石头，都是层层相叠的形状。若用刀片插入层间石缝，小心撬开，便可看到"岩页"上或烙有轮廓分明的树叶，或凸起扑翅欲飞的昆虫，或嵌着临死挣扎的游鱼等，简直是一部史前生物的"岩书"。据鉴定，这里的岩石至少有1800万年历史。1980年，山旺已被中国划为国家级古生物化石重点自然保护区，并在当地建立了古生物化石博物馆。

石灰岩

石灰岩是一种灰色或灰白色的石灰质沉积岩。主要由方解石微粒组成，常混入黏土等杂质。石灰岩分布的地区原先大多数是海洋，海水中含有的钙物质逐渐沉淀、固结，就变成了石灰岩。当海底上升为陆地时，石灰岩就暴露于地表了。石灰岩是烧制石灰的主要原料，在冶金、水泥、玻璃、化纤等工业部门也有广泛的用途。

在碳酸盐家族中，人们经常见到的是石灰岩和白云岩"两兄弟"。它们几乎占沉积岩总体积的7.7%。石灰岩分布广泛，裸

石灰岩

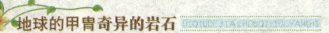

露的面积近130万平方千米，在各地质时期都有碳酸盐岩生成。石灰岩是保存古生物化石最好的。博物馆"，地质学家可以借助保存在地层中的古生物化石，考查生物的历史发展情况。

石灰岩类能溶解于水。特别是在富含二氧化碳的水溶液的长期作用下，便生成碳酸氢钙，完全溶于水并随水流失。其反应如下：

$$CaCO_3+H_2O+CO_2 \rightarrow Ca（HCO_3）_2$$

这个反应如果在热带或亚热带地区，就会进行得更快更完全。许多景色绮丽的奇峰异洞，如云南的路南石林、广西桂林–阳朔一带的溶洞和溶蚀地形等，都是这样形成的。然而，石林和岩洞的成因也不尽是岩溶成因的，有的是砂、砾岩类的淋蚀石林和岩洞。

石灰岩硬度不大，很容易受破坏，在那些石灰岩分布广、厚度大、质地较纯的地区，常形成形态怪异的石林和华丽神奇的溶洞。因为石灰岩能被含有二氧化碳的水溶解，水又是无缝不钻的，所以石灰岩地区经过长期的雨水或流水的溶解，有的地区变成凹陷，并不断加深，而有的岩石却还巍然耸立着，最终就在地面上留下了孤峰残柱般的怪石林。例如云南路南石林宛如一座宏伟的石雕博物馆，一石一姿，千奇百态，有沧海卫士、母子偕游、牧童放羊等，有一块石头，像亭亭玉立的少女，传说就是撒尼姑娘阿诗玛变成的。有些石灰岩中的裂隙还会曲曲折折地深入到地下，并在地下不断地被流水溶解扩大，形成了地下溶洞，比如浙江桐庐的"瑶琳仙境"。那些溶洞里有数不清的石笋、钟乳石和石柱，经彩灯一照，一个个如彩云、似莲花，或像各种各样的动物和传说中的人物。身临其境，你会为这大自然的神奇作用而惊叹不已！

石英砂岩

石英砂岩由石英、长石和少量的云母片组成，是一种分布相当广泛的沉积岩。石英砂岩在风化前是洁白色的；风化后，由于它含有少量铁质，铁质氧化使岩石染成黄色；如果氧化充分，岩石还可以呈现棕红色、紫色等。红、棕、黄、紫各色岩石经过艺术家的修饰，巧妙地叠垒起来，衬以绿树芳草，如画美景就跃然眼前了。在扬州个园，由石涛设计堆砌的"四时山景"中的秋山一景，就是用黄石叠成的。黄棕色的奇异假山，衬上几树红枫，即勾画出"万山红遍，层林尽染"的秋景来。

石英砂岩的产地很多。江南园林中多采用泥盆纪"五通组"的石英砂岩。这在长江中下游随处可找到，就地取材，既经济，又美观。北方的石英砂岩也很多，也可就地取材。

知识点

木心钟乳石是一种罕见的特殊洞穴沉积物。发现于桂林漓江风景区冠岩的地下溶洞中。它是怎样形成的呢？在河流发生洪水时，水流会携带着一些树枝冲入较大的地下溶洞，水退后，树枝便留在了洞里。若这些洞顶有裂缝，上面的石灰岩被含有二氧化碳的水溶解后，就沿裂缝下渗，滴落到树枝上。由于洞内温度较高，下滴物质中的水分蒸发，二氧化碳也跑掉了，于是就在树枝上凝结成了方解石。这样日复一日，年复一年，方解石便一圈圈地包围了树枝，形成了木心钟乳石。若把它切断，能看到当中树枝的木质保存良好，年轮清晰可数，外面的方解石多数质地纯净，但如果在方解石的生长过程中，每隔一段时间有其他物质成分掺入，这样钟乳石也会显出"年轮"。

延伸阅读

五通组曾称五通石英岩。时代属晚泥盆世。分布于长江下游苏南、浙北、皖南一带。命名地点在浙江长兴西北煤山北端的五通山。为陆相碎屑沉积，以灰白或淡黄色厚层石英岩与粗粒石英砂岩为主，中夹薄层石英砂岩及灰、紫、绿等色黏土页岩，顶部含赤铁矿、褐铁矿和锰矿瘤状体或呈薄层状，含鱼类化石等，及植物化石，厚约50～800米。与下伏中下泥盆统茅山组和上覆下石炭统

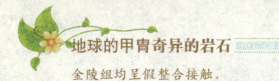
金陵组均呈假整合接触。

●变质岩————————————————————————————

岩浆发生变质而产生的变质岩

物质发生变质的现象，到处都可以见到。例如，用炉火烤馒头，馒头可以烤成焦黑，此时碳水化合物失去了水分和二氧化碳，全部变成炭质。馒头由于温度的增高而发生了变质。岩石也是这样，在高温高压下，和化学性质活泼的组分如水和各种酸作用，也会发生变质。只不过它变化得比较缓慢，而且在地下比较深的部位进行罢了。

变质岩是已经形成的岩浆岩、沉积岩，在地壳运动、岩浆活动的影响下，受到高温高压以及热液和气体的作用，使原来岩石的矿物成分、结构和构造发生改变，生成的一种新的岩石。

沉积岩

岩石在高温的作用下，有些矿物成分可以重新结晶，有些矿物成分彼此间发生化学反应，从而产生新的矿物。岩石在高压的作用下，可以产生体积较小，比重较大的新矿物，同时，又可以使一些岩石中的矿物定向排列，从而使岩石具有板状构造、片理构造等。

常见的变质岩有：由石灰岩变质形成的大理岩，砂岩变质而成的石英岩，泥质岩变质形成的板岩、千枚岩、片岩和片麻岩等。岩石在变质过程中，有用矿物发生相对富集，可以形成具有工业价值的矿床，例如我国的鞍山式铁矿，就是由含铁石英岩经变质作用后形成的大型铁矿。

大理石

大理石是一种高级建筑石材和彩石，因我国云南大理县点苍山产出数量多、质地优良而得名。点苍山位于云南省西部洱海之滨，俗称苍山，又名灵鹫山，南诏时封为中岳山。苍山共有19峰，峰峰相连，溪水18条，条条清碧。山峰险峻，白雪蛾冠，云雾缭绕，苍松翠柏，犹如仙镜。苍山19峰，峰峰盛产大理石。其中尤以鹤云峰、雪人峰、兰峰和三阳峰蕴藏量最丰富，开发利用历史悠久。我国早在唐朝古塔、宋元碑文和明朝墓志中就有许多精美的大理石工艺品。仅从公元825年南诏所建的千寻塔和塔内雕刻的大理石佛像，以及大理城址的大理石南诏德化碑来看，在距今1200多年的时候，大理石工艺技术已达到很高的水平了。清朝黄元治在《点苍山石歌》中赞美大理石为："石质石纹确奇绝，自如截脂如积雪，绿青浓淡间微黄，山水草木尽天设。"建筑工艺上所说的大理石，在岩石学上称为大理岩，也是一种变质岩石。它的化学成分主要是碳酸钙，有时也可以是碳酸钙镁。矿物成分主要是方解石，有时也可以是白云石等。纯者不含杂质，有的往往含有铁、锰、碳和泥质等杂质。质纯的大理岩颜色洁白，当含有不同杂质时，可出现各种不同的颜色和花纹，磨光后绚丽多彩。大理石中方解石颗粒清晰可见，但不同的大理石晶粒粗细是不同的。

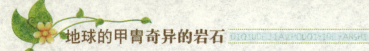
大理石可做建筑石材或装饰彩石，优质者可做工艺制品。用做高级装饰材料的大理石，其工业要求为：没有裂纹，最小块度（长×宽×厚）不小于0.6米×0.6米×0.3米。

我们伟大的祖国地大物博，大理石分布广泛。各地所产的大理石由于花纹色彩不同，工艺上分别给以不同的名称。如云南的云石和云南灰；河北的雪花、桃红、墨玉和曲阳玉；北京的汉白玉、艾叶青、芝麻花和螺丝转；东北的东北红和东北绿；湖北的云彩、福香、粉荷、雪浪、脂香、银荷、锦涛、紫纹玉、绿野、红花玉、残枫和龟壁；山东的莱阳绿和紫豆瓣；江苏的海涛、宁红、奶色玉、高资白；贵州的曲纹玉；浙江的残雪等。各式各样的大理石犹如百花园里万紫千红、五彩缤纷的鲜花，显示出我国优良的建筑和工艺石料资源丰富多彩。

知识点

云石的加工性能和技术条件也很好，石质结构细致，磨光性好，块度大，毛坯石料都在一立方米以上，可以按需要尺寸和形状分割，切割时不破裂，石块中含杂质、斑点很少，透光度较好。所以云石是最优良的一种工艺大理石。

延伸阅读

千枚岩是显微变晶片理发育面上呈绢丝光泽的低级变质岩。变质程度介于板岩和片岩之间。典型的矿物组合为绢云母、绿泥石和石英，可含少量长石及碳质、铁质等物质。有时还有少量方解石、雏晶黑云母、黑硬绿泥石或锰铝榴石等变斑晶。常为细粒鳞片变晶结构，粒度小于0.1毫米，在片理面上常有小皱纹构造。原岩为黏土岩、粉砂岩或中酸性凝灰岩，是低级区域变质作用的产物。因原岩类型不同，矿物组合也有所不同，从而形成不同类型的千枚岩。如黏土岩可形成硬绿泥石千枚岩，粉砂岩可形成石英千枚岩，酸性凝灰岩可形成绢云母千枚岩，中基性凝灰岩可形成绿泥石千枚岩等。

山岛礁石奇景奇观

　　山是地球的脊梁，在连绵起伏的大山里，不仅可以领略到山泉的纯净清澈，拾到许多能反射出绚丽光芒的石头；岛屿是海洋的珍珠，点缀在海里闪着光芒；礁石更像是大海中不懂事儿的孩子，纵然给人们的航行带来诸多的不便，却很可爱，尤其是海水打在礁石上激起的美丽浪花。然而无论是山还是岛或礁石，都离不开岩石的组建。

　　山上没有岩石就失去了灵气，海中没有礁石就缺少了一道风景，岛屿之上没有石柱就减少了一份壮丽，江河之中没有卵石更是少了一份趣味。这些奇妙的岩石可谓是起到了画龙点睛的作用，给名山奇岛、暗礁和河流都增加了无比的神韵。反之，一切将不再美好，缺乏生机。

●桂林山水甲天下 -----------------------------------

桂林山水

　　桂林，位于广西东北部，是世界著名的旅游胜地和历史文化名城。地处漓江西岸，以盛产桂花、桂树成林而得名。典型的喀斯特地形构成了别具一格的桂林山水，桂林山水是对桂林旅游资源的总称。桂林山水所指的范围很广，项目繁多。桂林山水一向以山清、水秀、洞奇、石美而享有"山水甲天下"的美誉，桂林山水包括山、水、喀斯特岩洞、古迹、石刻等。

　　它的地形特点是：在平坦的大地上和大江岸边，一座座山拔地而起，危峰兀立，各不相连。桂林市中心的独秀峰，奇峰突起，岿然独立，犹如一根擎天巨柱。其上题有"南天一柱"四个大字。有的山峰又相依成簇，奇峰罗列，形态万千，七星岩有七个山峰相联，犹如北斗七星。有的山峰连绵成片，远远看去，好似千重剑戟，指向碧空，大有"欲与天公试比高"之势。

桂林山水的另一个特点是：在石山腹内遍布着迷宫仙境般的岩溶洞穴，有人用"无山不洞、无洞不奇"的辞句来形容溶洞的众多和变化无穷。实际上，这里不仅山山有洞，而且从山脚到山顶溶洞遍布，犹如层层楼阁。桂林市的迭彩山、七星山、象鼻山等，不仅形态奇特，而且其中的溶洞也各具特色。溶洞中石钟乳、石笋千姿百态。古今游人根据其形态，起了许多有趣的名字，流传了许多神话故事。如对歌台、仙人晒网、银河鹊桥、叶公好龙、望夫石、画山观马、还珠洞、孔雀开屏等。举世闻名的七星岩和芦笛岩就是这种溶洞的典型代表。

桂林美丽的山石

（1）象鼻山

象鼻山位于桂林市东南漓江右岸，山因酷似一只大象站在江边伸鼻吸水，因此得名，是桂林的象征。由山西拾级而上，可达象背。山上有象眼岩，左右对穿酷似大象的一对眼睛，由右眼下行数十级到南极洞，洞壁刻"南极洞天"四字。再上行数十步到水月洞，高1米，深2米，形似半月，洞映入水，恰如满月，到了夜间明月初升，象山水月，景色秀丽无比。

象鼻山

（2）龙脊梯田

龙胜县东南部和平乡境内，有一个规模宏大的梯田群，如链似带，从山脚盘绕到山顶，小山如螺，大山似塔，层层叠叠，高低错落。其线条行云流水，潇洒柔畅；其规模磅礴壮观，气势恢弘，有"梯田世界之冠"的美誉，这就是龙脊梯田。龙脊梯田距龙胜县城27千米，距桂林市80千米，景区面积共66平方千米，梯田分布在海拔300～1100米之间，坡度大多在26°～35°之间，最大坡度达50°。虽然南国山区处处有梯田，可是像龙脊梯田这样规模的实属罕见。龙脊梯田始建于元朝，完工于清初，距今已有650多年历史。龙脊开山造田的祖先们当初没有想到，他们用血汗和生命开出来的梯田，竟变成了如此妩媚潇洒的曲线世界。在漫长的岁月中，人们在大自然中求生存的坚强意志，在认识自然和建设家园中所表现的智慧和力量，在这里被充分地体现出来。

（3）月亮山

月亮山，位于桂林市平乐县青龙乡郡塘村，是目前中国所有月亮山当中最秀丽、最险峻，也是最具有旅游开发价值的。当地村民正准备把这里建设成为中国最美的乡村。同时，这里也非常适合户外攀岩运动。2011年春节，这里曾举行万亩油菜花节。全世界的游客可以一睹她的风采。

（4）八角寨

该景区分布范围82.57平方千米，其发育丰富程度及品位之高，世所罕见，被有关专家誉为"丹霞之魂"、"世界丹霞奇观"。整合八角寨景区有"降龙岩"、"群螺观天"、"龙头香"、"龙脊天梯"、"幽谷栈道"等130多处景点，完全出自于大自然的鬼斧神工。

八角寨又名云台山，主峰海拔814米，因主峰有八个翘角而得名，丹霞地貌分布范围40多平方千米，其发育丰富程度及品位世界罕见，被有关专家誉为"丹霞之魂"、"品位一流"。其山势融"泰山之雄、华山之陡、峨眉之秀"于一体。八角寨东、西、南三面均为悬崖绝壁，只有沿着西南坡的一条古老、陡峻崎岖的曲径可登山顶。登斯山顶，方晓天地之博大，悟人生之真谛。景区中的眼睛石完全出自于大自然的鬼斧神工，栩栩如生，形神毕肖，令游者和文人骚客浮想翩翩，遐思泉涌。云台山八角，险、峻、雄、奇、秀、幽自然结合，似鬼斧神工凿就。其一角名叫"龙头香"，横空出世，宛若巨龙昂首欲飞，上接苍穹，下临深渊，山势雄伟险峻，堪称一绝。

山顶有一个3000多平方米的平台宋元时代，始建天心寺。僧侣众多，香火鼎盛，各地香客朝佛览胜，络绎不绝。近年，当地村民又独辟蹊径，于八角寨侧建造"降龙庵"，为登临八角寨胜增添了一个好去处。穿越"东面一线天"，上"天脊"，下"天梯"，走栈道，尽览水光山色，饱吸伸手可掬的清新空气。整个景区有"降龙岩"、"群螺观天"、"龙头香"、"眼睛石"、"宝刀峰"等130多处景点，完全出自于大自然的鬼斧神工。登主峰鸟瞰、危崖峻拔、群峰依次矗立，山间气象万千，经常可见云海、云带、云涛、云湖、日出、佛光等奇景，迷离幽壑，凡登临绝顶者，莫不击掌称绝，叹为观止。

八角寨主峰海拔814米，相对高度500米。复杂的地质结构和独特的气候条件成就了公园丹峰壁立、奇山秀岭、碧水丹崖的独特景观。被地质、园林、旅游专家誉为"世界丹霞之魂"、"世界丹霞奇观"、"高品位的国家级观赏公园"。2005年入选中国国家地理中国最美的七大丹霞之一。

（5）芦笛岩

芦笛岩洞穴位于著名旅游城市广西壮族自治区桂林市西北桃花江右岸的茅茅头山（又称光明山）南侧，是中国负有盛名的旅游洞穴之一。芦笛岩过去常有野猫和小兽出没，因而叫它"野猫岩"。后来又因洞口附近丛生芦荻草，用此草做成笛子，吹起来音色柔美，如袅袅仙乐，又如山涧流水，于是人们就把洞名改为"芦笛岩"。昔日野兽出没的地方，如今已变成了"人间仙境"，被誉为"地下艺术宫殿"。

（6）尧山

桂林旅游景点尧山位于桂林市东郊，距市中心8千米，主峰海拔909.3米，是桂林市内最高的山，因周唐时在山上建有尧帝庙而得名。

尧山将桂林山水的四季图表现得淋漓尽致。春天，满山遍野的杜鹃花将一座层峦叠嶂的大山打扮得姹紫嫣红；夏天，满山松竹、阵阵碧涛、山川竞秀、郁郁葱葱；秋天，枫红柏紫、野菊遍地；冬天，雪花纷扬，白雪皑皑、冰花玉树，别有一番情趣。乘观光索道可直达尧山之顶，极目四望，山前水田如镜，村舍如在画中，千峰环野绿，一水抱城流的桂林美景尽收眼底，峰海山涛，云水烟雨的桂林山水就如同一个个盆景展现在您的眼前。因此，尧山被誉为欣赏桂林山水的最佳去处，在山

尧 山

顶向东南方望去，您可以看到巨大的天然卧佛，犹如释迦牟尼睡卧于莲蓬之上，这是迄今发现的最大的天然卧佛。这里还有全国保存最完整的明代藩王墓群——靖江王陵，这也是桂林旅游景点较为著名的，它规模宏大辉煌，在此出土的梅瓶名扬四海。

（7）独秀峰

王城内的独秀峰位于桂林市市中心，群峰环列，为万山之尊。南朝文学家颜延之咏独秀峰的诗"未若独秀者，峨峨郭邑间"是现存最早的桂林山水诗歌。其峰顶是观赏桂林全城景色的最好去处，自古以来为名士所向往。登306级石阶可至峰顶，峰顶上有独秀亭。明代大旅行家徐霞客在桂林旅游有一月有余，却因未能登上此峰而遗憾。

（8）天门山

该景区方圆10平方千米，山形峻秀，岩壑多奇，源于典型的丹霞地貌。其三十八岩、十九涧、二潭、六泉、八石等构成"百卉谷生态景园"。汇天下本草于一地的百药谷，药香盈溢。主峰"三娘石"宛如一柱擎天，"天门壁画"、"天脊"、"一线天"、"忘忧泉"、"桃花岛"、"天门古寺"等20多处绝好佳景，汇聚成仙山琼阁之境。

知识点

　　桂林—阳朔一带怎么会形成奇特的岩溶地形呢？原来，远在距今4亿—2亿年的古生代泥盆纪至二叠纪，广西省全境曾是一片汪洋大海。在广阔的海洋中，沉积了厚达3000～6000米以石灰岩为主的碳酸盐岩层，为岩溶地形准备了物质基础。二叠纪末期，此区地壳大面积抬升成为陆地，石灰岩暴露于地表。湿热的气候环境，使石灰岩遭受强烈的剥蚀和岩溶作用。到距今7000万～1亿年（地质年代为白垩世），广西全境地壳强烈运动，岩石普遍发生褶皱和断裂，为岩溶作用向岩体深部发展创造了有利条件。第三纪以来，区内地壳缓慢上升，就使垂直方向的岩溶速度大于水平方向的岩溶速度，从而发育了许多深邃的小洼地。因此，广西盆地的点点孤峰、美丽的峰林、岩溶平原和大面积的峰丛洼地的形成，除与地壳运动、湿热的古气候、地下水和地表水的侵蚀作用有关以外，主要是石灰岩易于溶解的性质造成的。

阳朔风光

延伸阅读

　　宋代有位叫蓟北处士的游客，以《水月》为题，写下这样的绝句："水底有明月，水上明月浮。水流月不去，月去水还流"。象鼻山有历代石刻文物50余件，多刻在水月洞内外崖壁上，其中著名的有南宋张孝祥的《朝阳亭记》、范成大的《复水月洞铭》和陆游的《诗礼》。盘石级而上，直通山顶，即见一座古老的砖塔矗立山头。远看，它好像插在象背上的一把剑柄，又像一个古雅的宝瓶，所以有"剑柄塔"、"宝瓶塔"之称。此塔建于明代，高13米，须弥座为双层八角形，雕有普贤菩萨像，因名"普贤塔"。

● 长江三峡奇石 ——————————————————

三峡奇石，魅力无穷

　　三峡石是产于长江三峡地区内各种奇石的总称。长江三峡既是一座天然地质博物馆，又是一座天然奇石艺术宫。三峡石主要分布在峡江两岸的溪流河谷或崇山峻岭中。石源来自长江上游冲积到此和该区古老的前震旦系变质岩、沉积岩和前寒武纪侵入花岗岩。

　　三峡石种类繁多，目前发现的奇石种类多达200种以上，如纹理石、色彩石、化石、矿物晶体等，（还包括纤夫石和石器等具有文化特点的石头）。在形态、色彩、纹理、神韵等方面颇有特色，景致高贵典雅。犹以三峡图画石、清江石和水月寺幻彩红景观石最为独特，山水画或状人类物，惟妙惟肖；或色泽艳丽，自成画卷；或金光闪闪，令人目眩；或花纹交叉，成为文字……天工巧成，深受人们的喜爱。

三峡石的形成

　　三峡素称"天然博物馆"，奇石是这博物馆中不可多得的一宝。大约

地球的甲胄奇异的岩石 DIQIUDEJIAZHOUQIYIDEYANSHI

八九亿年前，地壳运动使这里的地质结构发生了变化，花岗石、生物化石得见天日，为天然奇石的形成提供了必备的条件。之后长江形成，滔滔江流日夜冲涤，终至水磨石见，把奇石送到了三峡出口水流稍缓的地段。就这样，长江以亿万年的锲而不舍，在哺育一个伟大民族的同时也创造了一部石的传奇。三峡每有奇石出现，总令世人叹为观止。"石不语，更可人"，这些阅尽岁月沧桑的三峡奇石不愧是长江三峡上一道亮丽的风景线。

保护"特色菜"三峡石

长江三峡地处三大断褶和皱褶带的地质交汇带，这些经历了亿万年水的侵蚀而成的三峡石主要分布在175米水位线以下。随着三峡工程的推进，这部分三峡石将被江水淹没。为此，当地政府计划在筹建中的江东旅游度假区建立一座奇石馆来安置这批特殊的"移民"。位于135米水位线以下的三峡石将在三年内被列为首期搬迁对象。

政府将采取适当的合作方式将这批精品进行收集，并举办展览，既展示了三峡石的风采，又很好地保护了三峡石。

此外，三峡石的保护方案并不影响小三峡捡三峡石子这道"特色菜"。游客在欣赏秀丽风景之暇，仍可舍舟登岸精心地在指定岸点挑上几块三峡石。据统计，小三峡开放十多年来，近500万人次的游客捡走的三峡幻彩红石近2500吨，这需用大型汽车500辆才能拉完。

📖知识点

1999年澳门回归庆典上，重庆赠送的一块名为"三峡百年情思"的三峡石便出自巫山。闻名遐迩的三峡石还充当起移民工程的"形象大使"。一块重达2.5吨的玛瑙三峡石成为巫山和广州对口支援的友谊结晶。

延伸阅读

　　长江三峡：是万里长江一段山水壮丽的大峡谷，为中国十大风景名胜区之一。它西起重庆奉节县的白帝城，东至湖北宜昌市的南津关，由瞿塘峡、巫峡、西陵峡组成，全长191千米。长江三段峡谷中的大宁河、香溪、神农溪的神奇与古朴，使三峡景色更加迷人。

●澎湖奇观火山岩 ------------------------------

澎湖列岛玄武岩奇观

　　澎湖列岛位于台湾海峡东南部，由火山喷发形成的60多个岛屿所组成，岛上千姿百态的火山岩形成了澎湖特有的地质构造。岩浆活动延续了几百万年，它造就了台地造型的岛屿，这些台地的高度都不

澎湖列岛

大，一般只有十余米，最高的一处也只有79米，顶部平缓，所以不仅仅桶盘屿，其他岛屿从海上远远望去一个个也如覆盖在蓝色海面上的大盘、大桶。而大部分岛屿边沿也都是由直立玄武岩六角形柱体节理组成的陡崖，这些地形往往由于部位突出或造型生动，很引人注目，因此观赏玄武岩成了澎湖地区很有特色的观光景点。澎湖南海群岛是观赏玄武岩最佳的地方。南海群岛包括望安、将军、七美、桶盘、虎井、花屿、猫屿等，均以壮丽磅礴的玄武岩地质景观及特殊的人文风情取胜。

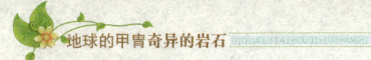
桶盘屿的柱状节理玄武岩景观

来到桶盘屿的游客无不为这里发达的柱状节理玄武岩景观而赞叹。桶盘整个岛屿三面均为玄武岩地质最发达的岛屿，桶盘屿是澎湖群岛中玄武岩柱体最大且最具规模的岛，玄武岩因风化差异侵蚀的作用，形成蜂巢状的孔洞，当地人称为"猫公石"，曾为雅石爱好者的最爱。桶盘全由玄武岩纹理分明的石柱罗列环抱而成，柱状节理之盛，尤居澎湖之最。玄武岩石柱形成的陡峭海崖，壮丽非常。

踏上桶盘屿会发现，岛的形状为开口朝北的马蹄形，它的面积不到0.5平方千米，四周被柱状节理发达、排列整齐的玄武岩紧紧环抱。从海上看到了组成小岛的玄武岩的剖面，是一面根根挺立、密密排列的石柱墙，面对大海，背衬阳光，有希腊神庙里那些精典石柱的匀称、光辉与神秘。火山在千万年前喷发时瞬间凝固成各种肌理的玄武岩，如今在澎湖向世人一一展现，除了的柱状外，还有状若琴键的片状，书本般的页状，流向一个方向的瀑布状。

桶盘屿的柱状玄武岩，平均岩柱高约20米，宽约1～1.5米，其中不乏柱径超过2米的巨型石柱，实为澎湖最壮观的硅质玄武岩石柱群之岛。石柱群多呈五角、六角状，但有趣的是在石柱崖顶的部分，玄武岩因受长年剧烈风化和侵蚀作用，使得岩柱的棱角在作用力的影响下逐渐被磨平消失，变成球状，外观上看起来在岩貌的粗犷刚硬之间却又增添几分了圆滑的质感，让人感到容易亲近。

桶盘屿西南方的海蚀平台上有一处退潮时才能得见的火山口，直径约25米，中央凸出一小丘直径约5米，看起犹如一朵盛开在海上的莲花，当地人称它叫"莲花座"。这样的景致只有在退潮时间来到桶盘屿才能欣赏得到，游人如果沿着步道走上石柱群的高点，便可以登高一览莲花座的全貌，别是一番风景。游人如果在游程中乘船行经退潮时分的桶盘屿，不但可以看见石柱群倒映在海面中形成绝佳壮丽的画面，同时可以看到莲花座有如祭坛般铺设在石柱群之前，形成桶盘屿经典画面中的经典。

澎湖海底的美丽景观

2009年1月在澎湖北方海域的大硶屿海底发现一处开口朝西北、呈微笑状的柱状玄武岩，长度达200米，高约10米，每根石柱的直径约1米，节理明显宛如"海底城墙"。

这座柱状玄武岩的顶部离水面约3米，可以看到玄武岩特殊的五角和六角形柱状节理，节理上有圆管星珊瑚群体、藤壶、牡蛎蛤附生，缝隙内有海胆、黑蝶贝、水螅虫附着。

知识点

柱状节理是比较均质的岩浆在冷凝过程中，由于均匀的冷却、收缩而裂开成规则呈六边、五边形的裂缝，从景观意义上一般称为火山岩石柱，均垂直于熔融体的冷却面，即垂直于熔岩层面或岩颈的接触面。一般认为：它与冷却面上等距离收缩中心发育有关。玄武岩中发育柱状节理，习惯称为熔岩石柱。典型景观地有爱尔兰巨人之路、南京六合桂子山、福建漳州滨海火山国家地质公园等地；流纹质火山岩石柱有：浙江临海桃渚、香港西贡石柱等。

延伸阅读

澎湖列岛隔澎湖水道距中国台湾省西海岸约48千米。极北为目斗屿，极南为七美屿，极西为花屿，极东为查某屿。总面积126.8641平方千米。都属火山岛，由玄武岩组成，环以珊瑚礁。地势平坦，大部海拔30～40米，最高的猫屿海拔79米。以澎湖、渔翁、白沙三岛最大，澎湖与白沙岛间筑有石堤相连，低潮时可以徒步通过。

●普陀山奇岩怪石 ------------------------------

"人间第一清净地"

普陀山位于浙江省舟山岛东侧，属舟山市普陀区，是舟山群岛1390个岛屿中的一个小岛。普陀山是中国佛教四大名山之一，是全国著名的观音道场。享有"海天佛国"、"南海圣境"之称。普陀山向来以神奇、神圣、神秘而著称。无论自然风光还是佛国胜境都是驰名中外的。

普陀山四面环海，风光独特，四时景变，晨昏物异，自古就有"人间第一清净地"的美称。奇石怪峰、洞壑潺溪、古树苍柏、珍禽异兽，缔造了一幅山海兼胜、水天一色的旷世奇景，令人心驰神往，流连忘返。普陀山因其悠久的佛学文化，自古以来又被称为"震旦第一佛国"，是中国四大佛教道场之一，乃观音菩萨的道场，建有"不肯去观音院"。

"天下第一石"

普陀山磐陀石由上下两石相累而成，下石一块巨石底阔上尖，周广余米，中间凸出处将上石托住，曰"磐"；上石高2.7米，宽近7米，上宽下窄，呈菱形，曰"陀"。上下石衔接处间隙如线，似连似断，好像上石悬空挂在下石之上。"疑天外飞来，似神手搁置"是对磐陀石最恰当的描绘。相传曾有人牵线割过两石交接之处，由此证明二石并未相接，但今人有尝试者却都没有成功过（一说为每逢大年初一的零时，上石就会漂浮

磐陀石

而起，用一根很细的丝线便可以横割而过）。磐陀石险如滚卵，顶端却安稳如磬，可容30人在上游玩嬉戏。石上凿有石阶，可缘梯而上到石顶。石上有明万历年间抗倭将军侯继高题写的"磐陀石"三个笔力遒健、势如飞天的大字，最令人惊奇的是"石"字上多了一点，据说侯将军题字时，大石左右摆动，摇摇欲坠，于是他在石字上加了一点，磐陀石便稳稳当当地固定住了。

二龟听法石

二龟听法石即一块巨石上，附着两块酷似乌龟的岩石，一只展肢伸脚，似往上爬；一只踞于岩顶，回头相望，仿佛正招呼后者赶紧跟上。二龟形态逼真，栩栩如生，令人叫绝。相传二龟受东海龙王之命前来偷听观音说法，因听得入迷，误了归期，化龟为石。一龟蹲踞崖顶，回首顾盼，一龟昂首伸颈，竭力攀援，一副急不可耐的样子。

云扶石扶云

普陀三奇石，除磐陀石、二龟听法石，还有云扶石。"登云全要仗云扶，一片清光雪色铺。飞人危岩倚不坠，花开色踏以跌。"在香云路中段的拐弯处，有方形巨岩矗立路侧，岩面"海天佛国"四个大字出自明代抗倭名将侯继高手笔，后来便成了普陀山的代称。此岩上又叠一石，高插云海，险而且玄，石上刻着"云扶石"三字。石上有一小潭，如碗若钵，承受天露。

普陀山奇石最荟萃之处五十三参石

在二龟听法石上端有五十三参石，大者侧立百尺，小者相累若卵，纵横拱峙，参差错列，不仅生态各异，而且移步变形。群石纵横拱峙，天然布列，传说为53名罗汉，在此听观音菩萨说法。随着晨昏晴雨的交替和晓雾暮霭的变幻，这群奇谲的山岩，也会呈现出浓淡不同的色相。

元代书画家赵孟頫《游补陀》诗云："涧草岩花多瑞气，石林水府隔尘

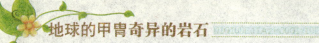

寰。"普陀山多奇石，而五十三参石是普陀山奇石最荟萃之处。

心心相印的"心石"

一块圆浑平滑的巨石位于西天门下方路侧，人们称其为心字石。这块巨石之所以被称为心字石是因为在这块巨石上镌刻着一个巨大"心"字，这个"心"字长为5米、宽达7米，仅心字的中心一点即可容纳八九人同坐。传说观音菩萨曾在此石上讲说《心经》。有"心字石"诗云："海山崖迹在西天，一字红心耀眼光。恒作人间功德事，是心即佛量无前。"现在来此旅游观光者，多把其看做是爱情和友谊的象征，借此来表达一种"心心相印"、"永结同心"的美好愿望。

知识点

在普陀山每年都会举办的众多佛事活动中，普陀山南海观音文化节、普陀山观音香会节是最为热闹的两个节庆。每年的11月份都会举行普陀山南海观音文化节。文化节其间要举行包括有大型法会、众信朝圣、佛教音乐会、文化研讨会、莲花灯会、佛教文化旅游品展览会等一系列活动。与此同时，每年的这个时候都会吸引众多海内外的善男信女来此祈愿参拜。每年农历二月十九、六月十九、九月十九为观音生日、得道、出家三大香会，因此又称"普陀山三大香会期"。

延伸阅读

不肯去观音院有一个传说，日本僧人慧锷法师远渡重洋，来到五台山进行参禅。并请得一尊铜铸观音菩萨像，要带回国。然而出海不利，船却被一巨大铁莲花挡住。这时的慧锷才彻底顿悟，莫非观音菩萨不肯东渡？于是便跪在观音菩萨像前虔诚地祈祷。随后，海面浮出一条大鱼，张口咬断铁莲花，而他的船也自行行驶到普陀山东南隅潮音洞附近。于是岛上的居民一起在紫竹林建起一座称为"不肯去观音院"寺院。

●三清山奇岩怪石 ——————————————————————

天下第一仙峰，世上无双福地

在一个相对较小的区域内展示了独特的花岗岩石柱与山峰，丰富的花岗岩造型石与多种植被、远近变化的景观及震撼人心的气候奇观，创造了世界上独一无二的景观美，呈现了引人入胜的自然美。

三清山坐落于江西上饶东北部，素有"天下第一仙峰，世上无双福地"之殊誉。因玉京、玉华、玉虚三座山峰列坐群山之巅，宛如道教玉清、上清、太清三位最高尊神而得名。三清山经历了14亿年的地质变化运动，饱经沧桑，形成了举世无双的花岗岩峰林地貌，"奇峰怪石、古树名花、流泉飞瀑、云海雾涛"并称三清山四绝。

奇峰异石是三清山的主题，有玉京蓬莱峰中奇、神龙戏松峦中奇、观音赏曲叠中奇、万笏朝天嶂中奇、仙苑秀峰秀中奇、八仙过海雾中奇、老道拜月夜中奇、玉女开怀石中奇、巨蟒出山怪中奇、司春女神绝中奇等十大高山胜景奇观。"揽胜遍五岳、绝景在三清"，历代文人写下了许多赞美三清山的诗篇。

三清山奇峰景观

玉京峰是三清山的主峰，海拔1817米，也是三清山的天然"观景台"，它的山峰十分险峻，登高如入天际，涉云如履仙境，是观日出、看三清山栈道、晚霞和云雾的理想场所。在峰顶可观三清山全景，如遇云海，诸峰似海中小岛，景象美不胜收。此外，玉京峰顶还有一处胜景——旗石，该石长50余米，石上有圆孔，据说是以前古人避乱于此

玉京峰

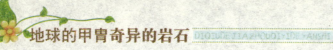
时竖旗为号留下的遗迹。峰顶还有石棋盘，相传仙人指石为盘，对弈盘上，故称"仙人下棋"。

三清山十大绝景之一神女峰又叫司春女神，位于玉皇峰以东，高达80余米。女神高鼻梁、樱桃口、圆下巴，秀发齐肩，端坐凝眸，栩栩如生。神女身隐苍松翠鹃之中，脸带至爱幸福之笑，面对阳刚峻美巨蟒出山，风情万种。手托两株连理虬松，挽住春色永驻美好人间。游人无论近观远眺，皆栩栩如生，形象窈窕。真乃天工造物，旷世一绝。

"巨蟒出山"与"司春女神"一样，也是三清山十大绝景之一，它位于玉皇顶东侧，是一瘦奇石如擎天玉柱昂首屹立，耸入云端，孤独凌空，高达128米。峰端略粗形似蟒头，峰腰纤细有如蛇身，云飞雾绕之时，蟒头窜动，蛇身微摇，吞云吐雾，撼天动地，被誉为稀世奇景。此景有移步换形之妙。在杜鹃林往西北方向看此峰，像"定海神针"；在女神峰前看，像"弯刀石"；在该景下方数百米处往上看，此景又像"仙翁顶仙童"；在该景上方百余米处往下看，又像"蛇仙现形"。真是变化多端，令人称奇。

"观音赏曲"也为三清山十大绝景之一，又称"观音听琵琶"。位于三清山之南的梯云岭下，海拔1600米。由三座山峰叠合而成，第一峰上尖下圆，状如琵琶；第二峰状如和尚打坐，左腿微跷，置琵琶于腿，仿佛正在弹奏；第三峰酷似南海观音，神态庄严，无限慈悲。

老子看经位于三清山北麓入口处，海拔1100米。整个山峰形似一位无冠无束发的老道人，躬身面壁，神情专注地似在读经。峰旁另有一座状类"茅庐"的断岩，使人想到"结茅为屋，编竹为篱"的简朴生活。每当太阳从峰腰下升起，老子看经峰更显得庄严高大。

三清山奇岩怪石景观

三清山，有东险西奇、北秀南绝、中峰巍峨之说，既集结了名山大川的精华，又展现了别具一格的风采。主要景点景观有：石人负松、西霞台、送子观音、神仙赶石、妈祖神像、九天锦屏、玉女开怀、猴王观宝、狮身人面像、鱼王石等。这些景点有许多传奇色彩，千百年来，赐佑人生旅途路路顺风，愉快而来，平安而归。

此外，三清山还有数字景观：一线天、二桥墩、三龙出海、四生石、五屏迎旭、六合岩、七夕双星、八戒登真、九天应元府、百步岭、千步门、万松林。生肖景观：子（鼠）：神猫待鼠，丑（牛）：伏牛台，寅（虎）：虎头山，卯（兔）：玉兔奔月，辰（龙）：龙潭瀑布，巳（蛇）：卧蛇骑象，午（马）：唐僧骑马，未（羊）：三羊开泰，申（猴）：猴王观宝，酉（鸡）：狐狸啃鸡，戌（狗）：天狗望月，亥（猪）：八戒登真。

这些石头景观都是神灵的化身，天造地设，但是，司春女神不能娶；和合相依不能分；企鹅振翅不能飞；道士打坐不能动；猿人吹箫不能响；倒挂琵琶不能弹；金殿木鱼不能敲；南清仙桃不能吃；仙女晒靴不能穿；玉女开怀不能近。总而言之，三清山奇石只可意会，不可奢望。

知识点

三清山

花岗岩峰林地貌类型齐全，分布集中，有奇峰48座、造型石89处，峰峦、峰墙、峰丛、峰柱、石芽等独特的微地貌异常发育，是花岗岩峰林地貌形成与演化过程的典型代表。

延伸阅读

三清：道教用语。总称谓是"虚无自然大罗三清三境三宝天尊"，位于玉几下三宝景阳宫。指道教所尊的玉清、上清、太清三清境。也指居于三清仙境的三位尊神，即玉清元始天尊、上清灵宝天尊、太清道德天尊。其中所谓玉清境、上清境、太清境是所居仙境的区别，清微天、禹馀天、大赤天是所统天界的划分，而天尊的意思则是说，极道之尊，至尊至极，故名天尊。

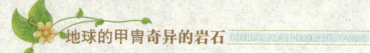

●华山山石天下险 ————————————————————————

"峨嵋天下秀，华山天下险"

在陕西省中部，渭河平原之上，华阴县境内的白云深处，一峰挺立，直插云霄，危崖绝壁，峡谷深邃。这座雄伟壮丽的大山，就是举世闻名的华山。

华山是我国著名的五岳之一，海拔2154.9米，位于陕西省西安以东120千米历史文化故地渭南市的华阴市境内，北临坦荡的渭河平原和咆哮的黄河，南依秦岭，是秦岭支脉分水脊的北侧的一座花岗岩山。凭藉大自然风云变换的装扮，华山的千姿万态被有声有色地勾画出来，是国家级风景名胜区。

华山顶峰由西峰、南峰、中峰和东峰组合而成，方圆半平方千米。山上奇峰林立，峰峦高耸，悬崖峭壁，孤峰脊岭，山势挺拔险峻，构成了"沉香子斧劈石"、"玉女洗头盆"、"二十八宿潭"和"回心石"等80处名胜古迹。

华山的形成

华山又叫小秦岭，是花岗岩组成的山。它四周的山岭是由古老的变质岩组成。大约距今7000万年，在地质时代的白垩纪，地壳发生过强烈运动，随着有花岗岩的侵入，形成华山的花岗岩岩体就是这次侵入形成的一个岩株。岩株是一种岩体，其立体形态像树干，在平面上呈椭圆状，范围小于100平方千米。华山岩株东西长15千米，南北宽约10千米，面积约100平方千米。后来，华山几经上升，而北麓又多次下陷，这样华山岩体就

华 山

暴露于地表，经受水的冲刷和各种各样的风化作用。

华山之险峻，在岩石方面有三个原因：第一，由于花岗岩的岩性十分坚硬，抵抗物理风化的能力很强；在化学成分上，花岗岩是一种含SiO_2很高的岩石；在矿物成分上，主要成分是石英和长石，黑云母很少，因此岩石抵抗化学风化的能力也较强。风化作用是欺软怕硬的，华山周围的片麻岩和片岩，因不耐风化而早就被夷平了。因此，由花岗岩组成的华山就在自然界的风雨中傲然屹立。第二，在花岗岩体上，常常具有纵横交错的节理，特别在岩体边缘节理尤其发育，给风化剥蚀创造了条件。而且，节理使岩石整块塌落，形成了突兀的柱状山崖，"千尺幢"就是大自然沿着节理修凿而成的。第三，华山的岩体比较年轻，是华山险峻的另一个原因。地球在46亿年的漫长历史中，有过多次的岩浆活动，而形成华山花岗岩的岩浆侵入时代，距今约1亿年。古老岩石饱经沧桑之变，而年轻的花岗岩受的变动少，受风化剥蚀时间短，因此更坚硬，更耐风化，形成奇而险的地形。

除此之外，华山东西两侧河流下切和南北两个断层错动，使华山形成"太华之山，削成四方"的陡峭、峻险、雄伟的花岗岩地形。

华山奇峰

（1）东峰

东峰海拔2096.2米，是华山主峰之一，因位置居东得名。峰顶有一平台，居高临险，视野开阔，是著名的观日出的地方，人称朝阳台，东峰也因之被称为朝阳峰。

东峰由一主三仆四个峰头组成，朝阳台所在的峰头最高，玉女峰在西、石楼峰居东，博台偏南，宾主有序，各呈千秋。古人称华山三峰，指的是东西南三峰，玉女峰则是东峰的一个组成部分。今人将玉女峰称为中峰，使其亦作为华山主峰单独存在。

古时称登东峰道路艰险，《三才图会》记述说：山岗如削出的一面坡，高数十丈，上面仅凿了几个足窝，两边又无树枝藤蔓可以攀援，登峰的人只有趴在岗石上，脚手并用才能到达峰巅。今已开辟并拓宽几条登峰台阶路，游人可安全到达。

东峰顶生满巨桧乔松，浓荫蔽日，环境非常清幽。游人自松林间穿行，上有绿荫，如伞如盖，耳畔阵阵松涛，如吟如咏，顿觉心旷神怡，超然物外。明代书画家王履在《东峰记》中谈他的体会说：高大的桧松荫蔽峰顶，树下石径清爽幽静，风穿林间，松涛涌动更添一段音乐般的韵致，其节律，此起彼伏，好像吹弹丝竹，敲击金石，多么美妙！

东峰有景观数十余处，位于东石楼峰侧的崖壁上有天然石纹，像一巨型掌印，这就是被列为关中八景之首的华岳仙掌，巨灵神开山导河的故事就源于此；朝阳台北有杨公塔，与西峰杨公塔遥遥相望，为杨虎城将军所建，塔上有杨虎城将军亲笔所题"万象森罗"四字。此外，东峰还有青龙潭、甘露池、三茅洞、清虚洞、八景宫、太极东元门等。遗憾的是有些景观因年代久远或天灾人祸而废，现仅存遗址。80年代后，东峰部分景观逐步得以修复。险道整修加固，亭台重新建造，在1953年毁于火患的八景宫旧址上，已重新矗立起一栋两层木石楼阁一座，是为东峰宾馆。

（2）南峰

南峰海拔2154.9米，是华山最高主峰，也是五岳最高峰，古人尊称它是"华山元首"。登上南峰绝顶，顿感天近咫尺，星斗可摘。举目环视，但见群山起伏，苍苍莽莽，黄河渭水如丝如缕，漠漠平原如帛如绵，尽收眼底，使人真正领略华山高峻雄伟的博大气势，享受如临天界，如履浮云的神奇情趣。

峰南侧是千丈绝壁，直立如削，下临一断层深壑，同三公山、三凤山隔绝。南峰由一峰二顶组成，东侧一顶叫松桧峰，西侧一顶叫落雁峰，也有说南峰由三顶组成，把落雁峰之西的孝子峰也算在其内。这样一来，落雁峰最高居中，松桧峰居东，孝子峰居西，整体形象一把圈椅，三个峰顶恰似一尊面北而坐的巨人。明朝人袁宏道在他的《华山记》一书中记述南峰形象说：

"如人危坐而引双膝。"

南峰又名落雁峰，是华山最高峰，海拔2160米，来到这里如临仙境。正如古诗所云"惟有天在上，更无山与齐，抬头红日近，俯首白云低。"这里四周都是松林，杂以桧柏，迤逦数里，浓阴密闭。

落雁峰名称的来由，传说是因为回归大雁常在这里落下歇息。峰顶最高处就是华山极顶，登山人都以能攀上绝顶而引以为豪。历代的文人们往往这里豪情大发，赋诗挥毫，不一而足，因此留给后世诗文记述颇多。峰顶摩崖题刻更是琳琅满目，俯拾皆是。冯贽在他的《云仙杂记》中记述唐诗人李白登上南峰感叹说："此山最高，呼吸之气想通天帝座矣，恨不携谢朓惊人句来搔首问青天耳。"宋代名相寇准写下了"只有天在上，更无山与齐。举头红日近，俯首白云低"的脍炙人口的诗句。落雁峰周围还有许多景观，最高处有仰天池、黑龙潭，西南悬崖上有安育真人龛。松桧峰稍低于落雁峰，而面积大于落雁峰。峰顶乔松巨桧参天蔽日，因而叫松桧峰。华阴名儒王宏撰称松桧峰是南峰之主。峰上建有白帝祠，又名金天宫，是华山神金天少昊的主庙。因庙内主殿屋顶覆以铁瓦，也有称其铁瓦殿的。松桧峰周围许多景观，主要有八卦池、南天门、朝元洞、长空栈道、全真岩、避诏岩、鹰翅石、杨公亭等。

（3）西峰

西峰海拔2082米，华山主峰之一，因位置居西得名。又因峰巅有巨石形状好似莲花瓣，古代文人多称其为莲花峰、芙蓉峰。袁宏道在他的《华山永》中记述："石叶上覆而横裂。"徐霞客《游太华山日记》中也记述："峰上石耸起，有石片覆其上，如荷花。"李白诗中有"石作莲花云作台"句，也当指此石。

西峰为一块完整巨石，浑然天成。西北绝崖千丈，似刀削锯截，其陡峭巍峨、阳刚挺拔之势是华山山形之代表，因此古人常把华山叫莲花山。

西峰南崖有山脊与南峰相连，脊长300余米，石色苍黛，形态好像一条屈缩的巨龙，人称为屈岭，也称小苍龙岭，是华山著名的险道之一。

西峰上景观比比皆是，有翠云宫、莲花洞、巨灵足、斧劈石、舍身崖等，并伴有许多美丽的神话传说，其中尤为沉香劈山救母的故事流传最广。峰上崖壁题刻遍布，工草隶篆，琳琅满目。峰北绝顶叫西石楼峰，峰上杨公塔为杨虎城将军所建，塔上有杨虎城将军亲笔题辞。塔下岩石上有"枕破鸿蒙"题刻，是书法家王铎手迹。特别是莲花洞，也叫莲花石，太乙莲台，此石头如莲花瓣覆盖石上，顶上的松树在气象站没有刹去一半前，就像莲花的莲蓬一样，很有意思。是西峰奇景之一！

（4）北峰

北峰海拔1614.9米，为华山主峰华山西峰之一，因位置居北得名。北峰四面悬绝，上冠景云，下通地脉，巍然独秀，有若云台，因此又名云台峰。唐李白《西岳云台歌送丹丘子》诗曾写到："三峰却立如欲摧，翠崖丹谷高掌。白帝金精运元气，石作莲花云作台。"

峰北临白云峰，东近量掌山，上通东西南三峰，下接沟幢峡危道，峰头是由几组巨石拼接，浑然天成。绝顶处有平台，原建有倚云亭，现留有遗址，是南望华山三峰的好地方。峰腰树木葱郁，秀气充盈，是攀登华山绝顶途中理想的休息场所，1996年开通的登山缆车上站，即在峰之东壁。

峰上景观颇多，有影响的如真武殿、焦公石室、长春石室、玉女窗、仙油贡、神土崖、倚云亭、老君挂犁处、铁牛台、白云仙境石牌坊等，且各景点均伴有美丽的神话传说。

（5）中峰

中峰2037.8米，居东、西、南三峰中央，是依附在东峰西侧的一座小峰，古时曾把它算做东峰的一部分，今人将它列为华山主峰之一。峰上林木葱茏，环境清幽，奇花异草多不知名，游人穿行其中，香浥襟袖。峰头有道舍名玉女祠，传说是春秋时秦穆公女弄玉的修身之地，因此峰又被称为玉女峰。

史志记述，秦穆公女弄玉姿容绝世，通晓音律，一夜在梦中与华山隐士

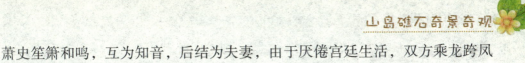

萧史笙箫和鸣，互为知音，后结为夫妻，由于厌倦宫廷生活，双方乘龙跨凤来到华山。

中峰多数景观都与萧史弄玉的故事有关。如明星玉女崖、玉女洞、玉女石马、玉女洗头盘等。玉女祠建在峰头，传说当年秦穆公追寻女儿来到华山，一无所获，绝望只好建祠纪念。祠内原供有玉女石像一尊，另有龙床及凤冠霞帔等物，后全毁于天灾人祸。今祠为后人重建，玉女塑像为1983年重塑，其姿容端庄清丽，古朴严谨。

峰上还有石龟蹑、无根树、舍身树等景观，与其相关的传闻都妙趣横生，从不同角度丰富了中峰的内涵，增添了中峰的神奇与美丽。

知识点

登上华山北峰，再向南折，经擦耳崖，过上天梯，便有一长岭呈现眼前。它莽莽苍苍，笔直插天，好像苍龙腾空，所以被称为"苍龙岭"。此岭上的台阶只有2尺多宽，两旁万丈深壑，势陡如刀削斧劈。岭脊上下高差约500米，坡度在45度以上。在这里遥望青松白云，耳听风声大作，令人心惊目眩。游人到此，莫不惊叹。

延伸阅读

华山派乃全真道支派。尊北七真之一的郝大通为开派祖师。郝大通，字太古，号广宁子，全真教祖王重阳之弟子。辛于金崇庆元年（1212年）。元世祖至元六年（1269年），封"广宁通玄太古真人"，武宗至大三年（1310年）加封"广宁通玄妙极太古真君"。该派活动无系统记载，仅见零星记录。

●黄山奇岩怪石 ----------------------------------

"天下第一山"

黄山，在中国历史上文学艺术的鼎盛时期（公元16世纪中叶的"山水"风格）曾受到广泛的赞誉，以"震旦国中第一奇山"而闻名。今天，黄山以其壮丽的景色——生长在花岗岩石上的奇松和浮现在云海中的怪石而著称。对于从四面八方来到这个风景胜地的游客、诗人、画家和摄影家而言，黄山具有永恒的魅力。

黄山位于中国东部、安徽省南部，南北约40千米、东西宽约30千米，面积约1200平方千米，其中精华部分为154平方千米，号称"五百里黄山"，其自然景观与人文景观俱佳，尤其以奇松、怪石、云海、温泉"四绝"著称于世，有"天下第一山"之美誉。

黄山经历了漫长的造山运动和地壳抬升，以及冰川的洗礼和自然风化作用，才形成其气势磅礴的峰林地带，成为黄山特有的地质结构。黄山号称有"三十六大峰，三十六小峰"，其中主峰为莲花峰，莲花峰周围高峰、险峰林立，石柱、怪石处处可见，可称为黄山一大特色。

黄山怪石"怪"天下

黄山的石头以"怪"著称。险峰林立，危崖突兀，峰脚直落谷底，山顶、山腰和山谷等处广泛分布着花岗岩石林和石柱。这些怪石星罗棋布，形态各异，状人状物，惟妙惟肖，栩栩如生，构成一幅幅绝妙的天然图画。

黄山怪石，星罗棋布，点缀在波澜壮阔的黄山峰海中，它们形态别致，或大或小，争相竞秀，意趣无穷。黄山怪石，有的酷似珍禽异兽，诸如"猴子望太平"、"松鼠跳天都"、"鳌鱼驮金龟"、"乌龟爬山"、"孔雀戏莲花"。有的宛如各式人物，诸如："仙人下棋"、"天女绣花"、"夫妻谈心"、"童子拜观音"。有的形同各种物品，诸如"梦笔生花"、"笔架峰"、"仙人晒靴"、"飞来石"。有的又以历史故事、神话传说而命名，有"苏武牧羊"、"太白醉酒"、"武松打虎"、"达摩面壁"等。

这些巧石，或叫怪石，大的就是一座山

黄 山

峰，如仙桃峰、笔峰、老人峰等，这些亦峰亦石的景观，它们之所以能成为称奇于世的奇峰，盖由于这些峰上形象生动的怪石而得名；小的如同盆景古玩，如"猴子观海"上的"猴石"，"鳌鱼吃螺蛳"中的"螺蛳石"等，块石大小均在3米以内，如雕如塑，妙趣横生。有的怪石因观赏角度改变，景致随之变化，具有移布换景的奇趣，如天都峰侧的"金鸡叫天门"，由天门坎再回首东望，石景变成了"五老上天都"；石门溪旁的"喜鹊登梅"，若从皮篷的入口处观之，则又变成了"仙人指路"。它们个个巧夺天工，或形似，或神似，惟妙惟肖，妙趣横生。黄山有名称可指的巧石多达120余处，它们因以酷似的形态和优美的神话传说结合在一起，使得个个有画的蕴含，诗的韵味，可谓形神兼备，给人以艺术美的享受，令人神往。

黄山怪石的命名，既各具不同的含义，也饶有趣味，主要体现了形似或神似的特征，石名或与宗教仅相依联，带有浓重的仙家色彩；或以禽兽形象或以物件状态、人物行为、历史故事和民间传说为题材，对各种形态毕肖的怪石做形神兼具的命名，给静态的石景赋予了活力。有些石名，还体现了中华民族传统文化道德观念，如"关公挡曹"讲的是"义"，"周王拉车"体现的是"礼"，"孔明借东风"是"智"，"武松打虎"是"勇"，"介子背母"是"孝"，"苏武牧羊"宣扬的是"节"，这些寓教于游的石名，能给人们的认识以深刻的启迪。

怪石以奇取胜，以多著称。已被命名的怪石有120多处。其形态可谓千奇百怪，令人叫绝。似人似物，似鸟似兽，情态各异，形象逼真。

黄山四绝之奇松

黄山松是黄山最奇特的景观，百年以上的黄山松就数以万计，多生长于岩石缝隙中，盘根错节，傲然挺拔，显示出极顽强的生命力。这些星罗棋布的黄山松一般从海拔800米开始，直到峰顶比比皆是，黄山的名松，有迎客松、送客松、蒲团松、凤凰松、棋盘松、接引松、麒麟松、黑虎松、卧龙松和探海松（又名舞松）。这些奇松被誉为黄山"十大名松"。玉女峰下的迎客松更成为黄山的象征。

黄山四绝之云海

"自古黄山云成海"，黄山是云雾之乡，以峰为体，以云为衣，其瑰丽多姿的"云海"以美、胜、奇、幻享誉古今，尤其是雨雪后的初晴，日出或回落时的"霞海"最为壮观。怪石、奇松、峰林飘浮在云海中，忽隐忽现，置身其中，犹如进入梦幻境地，飘飘欲仙。

黄山四绝之温泉

黄山温泉，古称"灵泉"、"汤泉"、"朱砂泉"，由紫云峰下喷涌而出，与桃花峰隔溪相望，传说轩辕黄帝就是在此沐浴七七四十九日羽化升天的。温泉中含有多种对人体有益的微量元素。水质纯正，温度适宜，可饮可浴。

知识点

莲花峰位于黄山中部，东对天都峰，海拔1864米，为黄山第一高峰。此峰峻峭高耸，气势雄伟，主峰突兀，小峰簇拥，俨若一朵初开新莲，仰天怒放。传说观音奉玉帝之命，乘莲花宝座到人间巡察，因迷恋这里的山水，久住不归天庭。玉帝遂降御旨，令其住南海。于是观音便将乘坐的莲花宝座点化成峰。莲花峰绝顶处方圆百丈余，中间有香砂井，置身峰顶，遥望四方，千峰竞秀，万壑生烟。在万里晴空时，东可望天目山，西望庐山，北望九华山和长江。

延伸阅读

迎客松，此松是黄山松的代表，恰似一位好客的主人，挥展双臂，热情欢迎海内外宾客来黄山游览。迎客松在玉屏楼左侧、文殊洞之上，倚青狮石破石而生，高10米，胸径0.64米，地径75厘米，枝下高2.5米，树龄至少有800年，黄山"四绝"之一。其一侧枝丫伸出，如人伸出一只臂膀欢迎远道而来的客人，另一只手优雅地斜插在裤兜里，雍容大度，姿态优美。是黄山的标志性景观。

●浮盖山堆石

浮盖山堆石景观

浮盖山最高处海拔932米，各种因地壳运动而形成的垒垒巨石，巧夺天工般地堆砌在一起，营造出一处处奇妙的堆石洞群景观。

浮盖山又名雾盖山，在与福建省浦城县交界，海拔932米。峰顶由巨石累叠而成，故名浮盖。山上有仙洞，洞口有石坛，洞内石壁双峙，只身始能上，洞顶有"仙人棋盘"。周围怪石林立。宋代汪藻《浮盖山诗》云："作镇东南削岳灵，峭岩绝壁欲登星。浮空高展神仙盖，列障长开水墨屏。春瀑练飞千丈白，晓林蓝染万株青。寻真自喜扳云级，洞府由来不掩肩。"

浮盖山，石质银灰粗放，有别于江郎山石体系，属熔结凝灰岩。山势险峻，怪石嶙峋，磊磊林立，星罗其布。因巨石层叠，形成无数洞穴、危岩、浮盖堆石洞群山体为盘，巨石为盖，若浮若动，故名浮盖。浮盖有四怪：云怪、石怪、洞怪、泉怪。

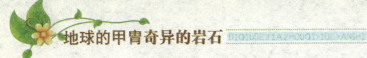

浮盖，一幅神奇的山石画

浮盖的堆石的确有些怪，"神象开谷"、"观音叹海"、"一线生机"、"罗汉打坐"、"虬龙望月"……巨大的顽石，奇迹般堆垒在一起，组合成一组组鬼斧神工般的巨石景观。徐霞客曾于1630年在浮盖山蹒跚三日之久，慨叹"怪石拿云、飞霞削翠"。磊落的怪石堆叠而成不计其数的怪洞，常年云雾轻笼，泉水不涸；洞府深处，古藤缠石，野草漫道，老树的根须成了亘古的天然帘帐，一如一个沉睡千年的梦，当年日本高僧空海大师赴长安取经，在此走过了他到中国最为坎坷的一段旅程。

指石问路

进入浮盖山之前，迎接人们的首先是一个造型奇特的大石头，其石由两块花岗岩组成，横贯侧看，造型各异，像玉兔，像旗杆又像食指。给人一种移步换形的感觉。

浮盖山主峰山石

全由凝灰岩石累叠而成。其旁有一以盘石垒叠而成的数十丈悬岩峭壁，"下者为盘，上者为盖"。或由数石共托一石，或由一石平列数石，上下俱成叠台双阙。顽石叠趣似接似离，似浮似动，给人有"如盖之浮动"感觉，所谓"山体为盘，巨石为盖，若浮若动，故名浮盖"。系指此景象而言。

浮盖山绝顶

位于浮盖山最东头，出一线天，可逶迤攀登绝顶。峰顶有石，踞石而坐，下视峰麓，只见崩坑坠谷，层层如碧玉轻绡，远近万状。由此而西，则蜿蜒数峰，迭起迭伏，止于三叠石（三叠石为最西头，称为西隅）。

三叠石

三叠峰下即为白花岩，又称三叠石，堪称大自然杰作。很难想象"三叠石"竟是由三块巨大的岩石精巧地垒放而成，这杰作只有大自然的力量和灵感方能造就。第一块巨石从地里"长"出，似一张硕大石床铺展开来，第二块更大的巨石呈横梯形，稳稳摞在石床上，最大的一块椭圆形石头纹丝不动摞在第二块巨石上，总高足有13米。三叠石有两奇：一是三块巨石一侧仿佛被神刀从天劈下，齐刷刷切成一个面积近百平方米的光滑剖面；二是下面两块巨石之间，露出高约一米半的石罅，仿佛一张大嘴。据说这是当年女娲炼石补天留下的，当地人又称它为三生石，分别代表了前世、今生、来世，有些人的今生放在最下面，希望今生脚踏实地，有些人把今生放在中间，希望今生承上启下，也有些人把今生放在最上面，希望今生享尽荣华，真是一石道尽世间万象。

纱帽石

从三叠石向上可以到达纱帽石。纱帽石堆叠在比三叠石更大的巨石之上，下圆上尖，远看极像一顶遮阳帽，高约5米，"帽檐"约30米。整个叠石群石面光滑之极，石面上的黑白纹理在夕阳照耀下透出迷人色彩。站在纱帽石上，手扶栏杆，极目四顾，群山起伏，云海苍茫，太阳从云层中射出万道金光，盘山公路似一条金带，曲曲弯弯消失在青翠山谷。此时此刻，顿觉心胸豁然开朗，宠辱皆忘。

始祖石

位于磊磊乱石中，与纱帽石并肩。一块巨石拔地而起，下宽上敛，高约60米，峰顶圆润，顶端向内侧渐成一个凹坑。称它为始祖石，是生命之源的意思。这左侧的始祖石与右侧的浮盖石分别代表人类的两个极端状态：生存和桂冠。

五福石

五福分别是：健康、长寿、美满、幸福、高升。这块奇形怪状的石头就有五福的代表作，有人第一眼就看出来，像一只憨态可掬、健康活泼的小熊，再到这边来看看，是不是又变成了一只历经岁月洗礼，为世间沧海桑田守望的灵龟了，接着移动脚步，又发现这就是当年陪刘海游戏的金蟾吗？刘海戏金蟾，生活越美满，再换个位置，它又变成了一只被民间视为送福气的拱门小猪，都说肥猪拱一拱，幸福送到大门口。最后一福，不再是动物，而

是只大宝瓶，象征着福气满而不漏，顺祝您一身平安，平步青云。

白象·海豚石

巨岩依纹理凹凸，自然勾勒出象头、眼、耳，还有那长长的象鼻甩向一侧，栩栩如生。相传是文殊菩萨来浮盖山拜会观音菩萨时所乘的坐骑，见浮盖山景色如此之美，便留下坐骑，给上山的人以吉祥美好的寓意。与白象遥相对应的是一只海豚，它正浮出竹海把绣球顶向天上的月老，愿天下的有情人都能终成眷属。

"观音叹海"

莲花洞中有送子观音的宝座，在浮盖石上有观音面海的神像，这里还有观音石。观音石面对绿海，面对石海，面对山海，面对人海。这也便是"观音叹海"之由来了。观音石由三块大石层叠而成，高70余米，底座30余米，其上高25米为莲花石座，站在这儿人们能尽情享受脚踏两省眼观三省的滋味，所以这里又叫做浙江的海角天涯。

🥕 知识点

泉怪，浮盖山有四怪，其中一怪便是泉怪，泉怪就怪在旱季不枯、雨季不溢、冬天不冻、夏天不烫。浮盖山的逢泉就是其一。

📚 延伸阅读

徐霞客，伟大的地理学家、旅行家和探险家。崇祯十年（1637年）正月十九日，由赣入湘，从攸县进入今衡东县境，历时55天，先后游历了今衡阳市所辖的衡东、衡山、南岳、衡阳、衡南、常宁、祁东、耒阳各县（市）区，三进衡州府，饱览了衡州境内的秀美山水和人文大观，留下了描述衡州山川形胜、风土人情的1.5万余字的衡游日记《徐霞客游记》。其中，他对石鼓山和石鼓书院的详尽记述，为后人修复石鼓书院提供了珍贵的史料。

●奇迹太湖石 ==============================

别致的假山"太湖石"

我国南方的园林胜景，在国内外都享有
盛名。但任何园林，要叠置别致的假山都少
不了采用"太湖石"，人们欣赏太湖石，仿
佛是在观看一幅清奇淡雅的水墨画。颐和园
的乐寿堂前院里摆着一块好几万斤重的太湖
石，名曰"青芝岫"。这块巨石原是明朝
大臣米万忠从房山县准备运来米氏三园（漫
园、勺园、湛园）的。由于石头太大，无法
运回，半途而废了。后来写有"大石记"叙
述此事。清朝乾隆年间，皇室发现此石后，
才搬来颐和园内。乾隆皇帝写了一首《青芝岫》诗来赞诵这块太湖石。

太湖石

远在唐代，"太湖石"就用来叠砌假山，美化环境。到了宋代，统治阶
级大建园林，太湖石的需要量日益增加。宋徽宗（赵佶）宣和五年，苏州朱
勔等人，为迎合徽宗所好，搜奇拣异，名花怪石，并动用大批船只搬运，10
只船组成一"纲"，号称"花石纲"。当时朱勔动员2000多民工通过大运河
把一块既高又大，玲珑剔透的"太湖石"运到开封，受到了徽宗的赞赏。

此外，苏州留园的"冠云峰"，南京瞻园的"仙人峰"，上海豫园的
"玉玲珑"和杭州的"绉云峰"，都是宋朝"花石纲"的一部分遗物。其
中，苏州留园的"冠云峰"高二丈多，被誉为园林湖石之秀。

20世纪80年代，中国园林建筑师为美国纽约大都会艺术博物馆，修建一
座仿造苏州"网师园"的"殿春簃—明轩"，因此，"太湖石"远渡重洋，
蜚声海外。

太湖石是一种被溶蚀后的石灰岩，以长江三角洲太湖附近的岩石为最

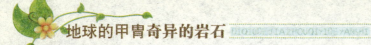

佳，故得名太湖石。这些石灰岩经长期风吹雨淋，太湖水的浪打波击，石灰岩的节理经溶蚀扩大，相邻沟壑逐渐形成洞穴。所以太湖石有"漏"、"瘦"、"透"、"皱"四大特色。

玲珑剔透的太湖石

这种形状奇特的石灰岩，不仅南方太湖附近有，北方的房山等地也有产出。但南方太湖石的颜色呈灰白或铁灰，多孔而且含有砾石等特点。北方房山的太湖石颜色灰中泛黑，孔少且大，形态突兀、挺拔，别具风格，如颐和园里的"青芝岫"。南方和北方太湖石的差异，主要在于南方气温高、降雨多，水系发育，溶蚀现象普遍，甚至在溶蚀的同时，一部分小砾石又被碳酸钙溶液胶结起来，形成多孔而且含砾的太湖石。

在气候比较潮湿的江边、海滩上，石灰岩也可以造成"太湖石"；在以石灰岩为主的山区，地表的岩石遭受数十万年、甚至上百万年的风化作用后，也可以变成"太湖石"。一些为水泥厂或石灰窑提供原料的采石场上，那些凹凸不平、形状多样的石灰石可以直接取来做假山，效果也不会亚于来自太湖的太湖石。所以，太湖石的来源是比较广泛的。

具有太湖石外貌——"漏、瘦、透、皱"特点的岩石，除石灰岩外，还有白云岩。但因白云岩的化学成分是碳酸钙镁，其溶蚀程度不如石灰岩。工艺师如能把它与典型的太湖石搭配使用，园林将同样能获得美观、大方、玲珑剔透、柔曲圆润的效果。

园林建设中的石材，除太湖石外，常见的假山石还有石笋、黄石、宣石、板岩和千枚岩等。用它们叠石造山，与树木花草、碧波流水、亭台廊榭相衬，可以达到艺术美和天然美融为一体、一步易景的水平。

知识点

太湖石属于石灰岩。多为灰色，少见白色、黑色。相对而言，石灰岩容易受到外来力量的风化侵蚀，比如长期经受波浪的冲击以及含有二氧化碳的水的溶蚀，软松的石质容易风化，比较坚硬的地方保存下来，这样在漫长岁月里，太湖石逐步在大自然条件下精雕细琢，形成了曲折圆润的形态。中国碳酸盐岩分布区很广，在适宜的构造、岩石和水文地质条件下，均可寻找和开发得用类似江苏的太湖石。

延伸阅读

"有真为假，做假成真"。大自然的山水是假山创作的艺术源泉和依据。真山虽好，却难得经常游览。假山布置在住宅附近，作为艺术作品，比真山更为概括、更为精炼，可寓以人的思想感情，使之有"片山有致，寸石生情"的魅力。人为的假山又必须力求不露人工的痕迹，令人真假难辨。与中国传统的山水画一脉相承的假山，贵在似真非真，虽假犹真，耐人寻味。

●国会礁褶皱岩石 ----------------------------

狭长的国会礁公园

国会礁国家公园位于美国中南部的犹他州千湖山火山与鲍威尔湖之间。公园建于1971年。公园南北长约96千米，东西最宽处仅16千米，占地979平方千米，仅次于大峡谷国家公园，面积居犹他州五个国家公园中的第二位。

"国会"是指这儿的山顶如同美国国会大厦的白色圆锥形屋顶，"礁"是指此处的山体无论外形还是颜色都如同珊瑚礁。

整个国会礁公园呈狭长形，大致上分为三部分：格林峡谷牛蛙盆地上方大石浪，它被一个迷宫般的深峡谷切割；有曲折平行的北方崎岖边远地带的主教山谷；还有道路直通的马头丘区。

不折不扣的"活的地质教室"

国会礁并非由珊瑚礁构成。早期的摩门教拓荒者来到此地垦荒，看到这儿有着庞大令人生畏的红岩峭壁，宛如海洋礁脉浮现，形成一道天然障壁。红岩峭壁上方覆盖有如穹顶般的白色岩层，令人联想到美国的国会大厦，"国会礁"因此得名。印第安人纳瓦霍族世代居住于此地，称它为"沉睡中的彩虹之地"。的确，它那由多样色彩的岩层组合而成的奇美景观，令人们赞叹不已。国家公园内不仅拥有丰富的考古学、历史学及漠地生态学的研究价值，同时也是一处不折不扣的"活的地质教室"。

褶皱的岩石阶

国会礁的特殊地貌形成于6500多万年前，那时科罗拉多高原正在逐渐抬高，使得这里也随之抬高，与其相连的其余部分相对下沉，造成岩层大规模扭曲。多个地层在这里盘旋折叠，扭曲变形，褚红色和白色地层之间，常常夹杂着大片粉色，这些原本深藏的地质结构，都被抬升成了险峻的悬崖。一些粉色岩石在高处风化后，哗哗撒下，铺满岩坡，一些粉红的岩层则被褶皱后整体抬举，成为一面垂直的岩壁。虽然是石头的风景，粉色却让它显得宁静而美好。

今天看来，岩层的褶皱就像一个大型的岩石阶。大块的岩石层没有在褶皱处断裂开来，而是自然地垂在褶皱上。千百万年来，荒野上呼啸而过的狂风对褶皱进行了无情的侵蚀，渐渐形成了平行的山脊（由耐侵蚀的岩石形成）和峡谷（由较软的岩石形成）相间的地貌。

国会礁

公园内最醒目的大地景为南北纵横160千米的"水穴褶曲"。这块地域原本是海底的一部分，它们跟随科罗拉多高原一起经过几千万年从海底拱出水面，升到高原后就行成了这种波浪型的褶皱。这是北美洲规模最大的单斜脊结构，公园内许多吸引人的景点大多分布于这种地质结构的两侧。国会礁像堵墙一样将犹他州中部分隔开来，形成了一道难以逾越的天然屏障。

可以积聚雨水的"水壶"

国会礁的有些褶皱，因其平滑的岩石表面上的坑穴可以积聚雨水而被称为"水壶"。积水的侵蚀使"水壶"不断扩大，渐渐地，它可以为一些生物提供栖身之所。在坑穴积满水的数星期内，生物迅速繁殖起来。当积水被蒸发后，成年的蟾蜍便在坑穴中开始繁殖下一代，并将自己埋在洞底的泥中。蟾蜍让自己的身体被一层含有水分的黏液包裹，开始休眠，静静等待下次雨季的到来。当坑穴中再次积满雨水时，昆虫又会一群群地飞回来。在坑穴干涸底部的小虾卵可以经历数十年的时间等待下次雨水的降临，孵化长大。

📝 知识点

国会礁国家公园除了自然奇景扣人心弦外，众多的人文景观也提升了公园的可看度。国会礁最著名之处除了奇岩怪石之外，就是那保存完好的古印第安人的岩画。离地约10米高的石壁上，清清楚楚地刻着生动的"集体舞"人像，沿着两边伸展开去，还有牛、马之类的动物，呈放射状分布。

📚 延伸阅读

是为纪念美国第一个漂流此河并建议开发水利的先驱而命名的。它的面积是米德湖的两倍多，有各种红色砂岩、石拱、峡谷和万顷碧波，其风景远胜米德湖，已成为美国西南部的主要国家度假区。

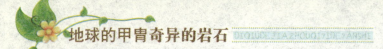
●凯恩斯大堡礁 —————————————————————————

垂直耸立于深不可测海洋中的一面巨大的珊瑚墙

大堡礁由400多种绚丽多彩的珊瑚组成，造型千姿百态，堡礁大部分没入水中，低潮时略露礁顶。从上空俯瞰，礁岛宛如一棵棵碧绿的翡翠，熠熠生辉，而若隐若现的礁顶如艳丽花朵，在碧波万顷的大海上怒放。

大堡礁位于澳大利亚东北部昆士兰省对岸，是一处延绵2000千米的地段，它纵贯蜿蜒于澳大利亚东海岸，全长2011千米，最宽处161千米。南端最远离海岸241千米，北端离海岸仅16千米。大堡礁是世界上最大的珊瑚礁区。早在1770年，发现澳大利亚大陆的库克船长，在笔记中将大堡礁描述为"垂直耸立于深不可测海洋中的一面巨大的珊瑚墙"。最南端的珊瑚礁在弗雷泽岛以北，距离昆士兰海岸线200千米。大堡礁由数千个相互隔开的大小礁体组成，其中较著名的有格林岛等。许多礁体会在海水低潮时浮出水面或稍被淹没，有的形成沙洲，有的则环绕岛屿或镶附在大陆岸边。

色彩斑斓的珊瑚礁

大堡礁属热带气候，主要受南半球气流控制。由于这里自然条件适宜，无大风大浪，成了多种鱼类的栖息地，而在那里不同的月份还能看到不同的水生珍稀动物，让游客大饱眼福。

在大堡礁群中，色彩斑斓的珊瑚礁有红色的、粉色的、绿色的、紫色的、黄色的。它们的形状千姿百态，有的似开屏的孔雀；有的像雪中红梅；有的浑圆似蘑菇，有的纤细如鹿茸；有的白如飞霜，有的绿似翡翠；有的像灵芝……未可名状，形成一幅千姿百态、奇特壮观的天然艺术图画。

白天在珊瑚礁阴影下的水中一片沉寂，但夜晚各种动物都纷纷出来活动。珊瑚虫在夜间觅食，伸出彩色缤纷的触须捕食浮游微生物。无数珊瑚虫的触须一齐伸展，宛如鲜花怒放，但白天不能伸出触须，否则会遮住虫黄藻需要的阳光。

珊瑚群平时大部分隐在水中，只有低潮时略露礁顶。各色的珊瑚礁以鹿角形、灵芝形、荷叶形、海草形在海底扩展美丽的身躯。这里分布有400余种不同类型的珊瑚礁，其中包括世界上最大的珊瑚礁。约有350种珊瑚虫与水母有亲缘关系，每个珊瑚虫的嘴周围长着一圈触须，从海水中吸取碳酸钙，变成石灰质的外壳，无数外壳累积起来便成为珊瑚礁。

天然的海洋博物馆

大堡礁海域生活着大约1500种热带海洋鱼类，有泳姿优雅的蝴蝶鱼，有色彩华美的雀鲷，漂亮华丽的狮子鱼，好逸恶劳的印头鱼，脊部棘状突出并且释放毒液的石鱼，还有天使鱼、鹦鹉鱼等各种热带观赏鱼。珊瑚礁将泻湖包了个严实，这里风平浪静，是天然的避风港，各种鱼类、蟹类、海藻类、软体类，五彩缤纷、琳琅满目，透过清澈的海水，历历在目。成群结队的小鲔鱼在大堡礁外侧捕食浮游生物。体重达90千克长相古怪得令人生畏的巨蛤每次至少产十亿颗卵。欲称霸海洋的鲨鱼，柔软无骨的无壳蜗牛，硕大无比的海龟，斑点血红的螃蟹……被潮水冲上来的大小贝壳闪烁着光芒，安静地躺在沙滩上。

大堡礁堪称一座天然的海洋博物馆。以格林岛为例，它是珊瑚断裂堆积形成的礁盘。与大陆岛屿不同，对于植物而言，礁盘是贫瘠的。当风、海浪或海鸟将植物的种子带到礁盘上，种子必须扎进礁盘上富有营养的沙子中才能成长。慢慢地，沙地上长出植物，植物又吸引了鸟的栖息，鸟为沙地带来更多养分和种子。周而复始地，礁盘上才生长出越来越多的植物。作为神奇复杂的水中结构，大堡礁也是1500多种鱼、359种硬珊瑚、世界上1/3软珊瑚、近8000种软体动物以及大量海洋动物和海鸟的家。

📝 知识点

大堡礁是世界上最有活力和最完整的生态系统。但其平衡也最脆弱。如在某方面受到威胁，对整个系统将是一种灾难。大堡礁禁得住大风大浪的袭击，在21世纪里，最大的危险却来自现代的人类，土著在此渔猎已数个世纪，但是没有对大堡礁造成破坏。20世纪，由于开采鸟粪，大量捕鱼捕鲸进行大规模的海参贸易和捕捞珠母等，已经使大堡礁伤痕累累。

延伸阅读

珊瑚礁是石珊瑚目的动物形成的一种结构。这个结构可以大到影响其周围环境的物理和生态条件。在深海和浅海中均有珊瑚礁存在。它们是成千上万的由碳酸钙组成的珊瑚虫的骨骼在数百年至数千年的生长过程中形成的。珊瑚礁为许多动植物提供了生活环境，其中包括蠕虫、软体动物、海绵、棘皮动物和甲壳动物。此外珊瑚礁还是大洋带的幼鱼生长地。

●棉花堡石灰岩 ===================================

温泉之乡棉花堡

在"棉花堡"有这样一个传说：当年，牧羊人安迪密恩因为想着和希腊月神瑟莉妮幽会，竟然忘记了挤羊奶，致使羊奶恣意横流，覆盖住了整座丘陵。这便是土耳其民间有关棉花堡形成的美丽传说。

棉花堡位于土耳其西南部的山区。如此可爱的名字，源自其外形像铺满棉花的城堡。所谓"棉花"，就是泉水从山顶往下流，所经之处历经千百年钙化沉淀，形成层层相叠的半圆形白色天然石灰岩阶梯，远看像大朵大朵棉花矗立在山丘上，更像染白了的大梯田，所以土耳其人叫它"棉花堡"。

棉花堡多温泉，水温终年保持在36℃～38℃，水的pH值约为6。温泉水从地底深处涌出，再从丘陵上沿边缘泻下，产生侵蚀和沉淀作用。经过漫长的岁月，白石灰岩积聚在表面被侵蚀成棉花状的梯形岩石，形成无数大大小小的白棉球层层相叠，远望好像一堆堆的棉絮阶梯，白色如雪，犹如棉花城堡，因此，大家通称这个地方为棉花堡，也是自古以来享誉于世的温泉之乡。

温泉水汇成一个个的天然池，大大小小，成层叠状下降，从高低不同的地方闪烁着万千波光，景色非常奇特。在这一个个天然的温泉水池中，人们可坐在里面泡温泉，既解乏，又治病。由于在棉花堡上的温泉是不收费的，所以来此泡温泉的游人络绎不绝。进入浴场，一定要赤脚，以防鞋底磨损棉花堡的石灰岩。棉花踩上去并不光滑，走上去甚至有点举步维艰，但为了保护这片大自然的礼物，多数游人还是把它当成是免费的脚底按摩了。踏进泉水，暖暖的泉水让人有马上泡进去的冲动。尤其是在炎热的夏天，温润凉爽的泉水更令人感谢这大自然赐予的奇迹。

公元前129年罗马人取得了这个区域，由于罗马皇帝、贵族们都喜欢洗澡尤其是泡温泉，遂在棉花堡兴建城市、兴建浴场。今日在棉花堡的后方还可以看到巨大的城市和浴场遗迹，而当地政府更修复这些古代浴场供大众使用，藉以招揽观光客的青睐。

由于棉花堡的存在，让土耳其成为人们最想拜访的国家之一。每年都有几千万拜访土耳其的旅客来到棉花堡，然而超红的人气却给棉花堡带来灾难，川流不息的游客与山下大量兴建的温泉旅馆，使得泉水量锐减。枯竭的水源使原本棉白色的地表转黑，土耳其当局意识到事态严重，宣布暂时关闭棉花堡的观光，让此地得以休养生息。重新开放之后，除了限制游客在棉花堡的游览范围与活动（需赤脚、不准游泳），也约束温泉旅馆的开发。

一朵最绮丽的莲花

来到棉花堡，除了泡温泉外，最不能错过看日落堡的日落了，当太阳的光芒一点点由金色变成绯红、殷红、桃红、玫瑰红，棉花堡会像一朵最绮丽的莲花，幻化出难以置信的光影奇迹，白色的岩面会被阳光点染出淡淡的色彩，而岩面中水波则忠实地记录下天空变幻的奇异色彩。

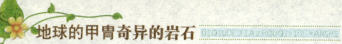

地球的甲胄奇异的岩石

登上山巅，会意外地发现，这并不幽深的谷底竟然也会有云海出现，而且居然是世界上最美最瑰丽也最难得一见的云海！这个看似云海茫茫的山谷，绝对禁止游客进入，因为那其实是个奇异的沼泽。

只是，人们在山顶看到的那团蒸腾的淡蓝色并非云彩，也不是雾气，而是大量含有碳酸钙的温泉水流沉到谷底形成的一种近似泥浆的沉淀物，阳光一照，便泛出珐琅般的孔雀蓝光泽，看上去与蓝色的云块漂浮在山谷一模一样。这种景观异常罕见，天气、阳光、时间、运气，缺一不可。所以，这个看似云海茫茫的山谷，是绝对禁止游客进入的，因为那其实是个奇异的沼泽。而面对如此美景，我们也"只可远观而不可亵玩焉"了。

📙知识点

棉花堡附近的古迹也非常有名。修建于2000多年前的阿佛洛狄西亚（Aphrodisias）卫城，至今残存着希腊风格的澡堂、拱门、横梁、石柱长廊、指向天空的大理石柱，它们全部由雪白的大理石雕筑而成，花纹繁复，造型宏伟。而空地上孤独伫立的月女神殿，永远在月光下闪烁清冷的光辉。希拉波里斯卫城一样是希腊风格的建筑，已经被大地震毁得只剩废墟，考古学家只发掘出城外规模巨大的贵族坟场，夕阳下，借着微弱的光线，天地间只剩几座房屋式坟墓的剪影。古老的小亚细亚那些曾经让人们惊叹的古迹，就这样被时光蹉跎为废墟，而不远处的棉花堡，依旧绿水如镜，丘岩如冰，沐浴着众神的光辉，成为永恒的奇迹。

📚延伸阅读

棉花堡是由于富含石灰质的温泉涌出的区域，所形成的白色碳酸钙结晶。究竟是如何形成的呢？原来当那区域的地下温泉以35.6℃的温度涌出时，因泉水中含有大量的碳酸钙，当它和氧气接触后会释放出二氧化碳，而此时剩下的碳酸钙沉淀物呈胶状，日积月累后就形成了这样的景观。

奇特地貌奇特岩石

　　由于地质运动，加上后期的风水等外力作用，地球上形成了一些怪异的地貌，其中山石形成的是最为壮观的地貌景观。这些地貌地球上其他任何地貌截然不同。奇特的地貌再配上奇特的岩石，一眼望去，林林总总，成林成海。这一个又一个奇特地貌仿佛并不是大自然的产物，而是直接从科幻小说和科幻影片复制过来，为地球增加浓重的神秘色彩。置身其中，真像是进入了外星人的秘密花园。

　　典型的风蚀性雅丹地貌，外观如同古城堡，像是魔鬼城；由陆相红色砂砾岩构成的具有陡峭坡面的丹霞地貌，像"玫瑰色的云彩"或者"深红色的霞光"；由寒冻风化作用形成的碎石、岩块，经重力和其他营力搬运或不经搬运而形成的翻花石海；由流水侵蚀而成的土林以及远远望去，一支支、一座座、一丛丛巨大的灰黑色石峰石柱形成的喀斯特地貌，犹如一片莽莽苍苍的黑森林。这些奇特的地貌都在诉说着奇特的经历。

●喀斯特地貌石林 ------------------------------

云南"石林博物馆"

　　天造奇观的云南石林，位于云南省昆明市石林彝族自治县境内，海拔1500～1900米之间，属亚热带低纬度高原山地季风气候，年平均温度约16℃，距省会昆明78千米，"冬无严寒、夏无酷暑、四季如春"，是世界唯一位于亚热带高原地区的喀斯特地貌风景区，素有"天下第一奇观"、"石林博物馆"的美誉。

在距今3.6亿年前的古生代泥盆纪时期，石林一带还是滇黔古海的一部分。大约2.8亿年前的石炭纪，石林才开始形成。大海中的石灰岩经过海水流动时不断冲刷，留下了无数的溶沟和溶柱。后来，这里的地壳不断上升和长时间

石 林

的积淀，才逐渐变沧海为陆地。海水退去后，又历经了亿万年的烈日灼烤和雨水冲蚀、风化、地震，就留下了这一童话世界般的壮丽奇景。远远望去，那一支支、一座座、一丛丛巨大的灰黑色石峰石柱昂首苍穹，直指青天，犹如一片莽莽苍苍的黑森林，故名"石林"。

我国的云南、贵州、广西、广东、福建、四川等省、区都有分布，其中发育得最好、最美的石林当属昆明路南石林。

云南石林风景名胜区范围宽，石林集中。其象生石之多，景观价值之高，举世罕见。石林景区由大、小石林、乃古石林、大叠水、长湖、月湖、芝云洞、奇风洞7个风景片区组成。全县共有石林面积400平方千米，参差峰峦，千姿百态，巧夺天工，是一个以岩溶地貌为主体的，在国内外知名度较高的风景名胜区。

参差峰峦千岛湖石林

在美丽的千岛湖畔也有座奇美的石林，方圆10平方千米，属迷宫式岩溶地貌，由蓝玉坪、玳瑁岭以石狮为胜，西山坪石林旧称白云山，是千岛湖石林主要游览部分。区内群峰壁立，层峦叠嶂，蓝青色的石头平地拔起，如春笋，如

树林，如城堡，如屋宇，如村寨，如大海扬波，如狂潮骤起，如群兽奔驰，如蛟龙腾空，如飞鸟展翅，如三军争战，硝烟腾空，人仰马翻，旌旗猎猎……有"华东第一石林"的美誉。千岛湖石林多藤蔓植物，青藤缘石而上，有的穿石而过。这种藤石交缠的景观叫人惊喜不已，好事者将它叫做藤石缘。

千岛湖石林景区，张良洞很具魅力。张良洞是一个不深的洞，与其说是洞，不如说是一道内凹的深坎，横长约5米，深约2米。内有一石桌，名棋盘石，是当年张良隐居此时，与其师黄石公下棋的地方。令人感到特别有意思的是，黄石公说他本是一块黄石。史载，张良13年后到谷城寻师，真的发现了一块黄石，感叹不已。他死前，特意嘱与黄石并葬。

千岛湖石林还有一个洞名曰琴音洞。洞门流出流水，呈小瀑布，声音清脆响亮，抑扬顿挫，如琴音悠扬。走进洞内，洞虽不大，但高。有天光射入，甚明亮。洞壁洁白，丰满而又光滑，疑若女性的肌肤。景区有很多肖形石，极像唐僧、孙悟空、猪八戒、沙僧师徒。其中，比较明显且富有情趣的是：唐僧朝观音、猴王诵经、八戒探路、神龟驮经等。唐僧、观音是相距十数米的两座石峰，从侧面看，是很像唐僧与观音的。早晨与傍晚，浴着霞光，两尊石像熠熠生辉，很是好看。

早在明代，石林即已成为名胜，但直到20世纪50年代以后，政府才组织有关单位和人员认真进行勘察、设计、施工、修筑游路和外面的公路、宾馆、饭店、商场等，给一些像生石取了名，石林才逐渐名扬五洲，成为世界著名的旅游胜地。

每年农历六月二十四日是火把节，石林四周的彝、汉等各族群众都要从四面八方汇聚到石林欢庆佳节。人们在白天举行摔跤、爬竿、斗牛等比赛活动，夜晚则燃起熊熊篝火，耍龙、舞狮，表演民族歌舞。阿细跳月、大三弦舞则是最受欢迎的传统节目。成千上万的中外宾客尽情狂欢，通宵达旦。神奇的自然景观和优美的人文景观相结合，更使石林锦上添花，魅力倍增。

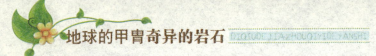

知识点

所谓岩溶地貌，也叫喀斯特地貌，是指地表可溶性岩石（主要是石灰岩）受水的溶解而发生溶蚀、沉淀、崩塌、陷落、堆积等现象，而形成各种特殊的地貌——石林、石峰、石芽、溶斗、落水洞、地下河，以及奇异的龙潭，众多的湖泊等，这些现象总称喀斯特。

延伸阅读

张良是汉代开国元勋，传说，他曾遇仙人黄石公。黄石公拿出一编《太公兵法》，授予他。黄石公说："读是则为王者师，后十年兴。十三年，孺子见我，济北谷城山下黄石即我也。"张良将此书温习精熟后去投刘邦，终以此书的智慧帮助刘邦夺取了天下。汉朝建立时，汉高祖刘邦论功行赏，大封功臣。张良没有战功，如何赏？刘邦说："运筹帷幄中，决胜千里外，子房功也。"于是，封张良为留侯。于是，张良成了历代谋臣的典范，"王者师"的旗帜。刘邦的那句"运筹帷幄中，决胜千里外"也就成了千古名言。

●丹霞地貌武夷山奇石 ----------------------------

自然风光独树一帜

武夷山位于福建省西北的崇安县境内。武夷山脉处在福建与江西省交界处，全长500多千米，最高峰黄岗山，海拔2118米。总面积近1000平方千米。

武夷山的自然风光独树一帜，奇峰若雕、碧水如画，山依溪而列、水随山而转，山光水色交相辉映，妙趣横生，风韵万千。尤其以"丹霞地貌"著称于世。丹霞，指的是一种有着特殊地貌特征以及与众不同的红颜色的地貌景观（即"丹霞地貌"），像"玫瑰色的云彩"或者"深红色的霞光"。

九曲溪风光可以说是武夷山中最为奇特的，沿岸的奇峰和峭壁，映衬着清澈的河水，构成一幅奇妙秀美的杰出景观。九曲溪一般山多由杂石砂土而成，山水分离，可徒步直登，而九曲溪诸峰则由红色峰石生成，水绕山脚，即可上山步行，又可下山泛舟。游人随心所欲，这就是九曲溪的独到之处。

天柱峰又称大王峰，雄踞九曲溪口，为武夷山三十六峰之首，素有"仙鹜王"之称。天柱峰是进入武夷山风景区的第一峰，在南麓壁下，有一条岩壁陡峭的裂隙磴道，宽仅尺余，可登大王峰之巅。峰腰有张仙岩，相传是汉代张垓坐化之处，也是武夷山三大险径之一。峰顶有一裂缝，宽约1米多，深不见底，投下一石，只听得嗡嗡鸣响，片刻方息。相传这是宋代朝廷祭祀使者投送"金龙玉简"的地方，故名投龙洞。

隐屏峰位于五曲溪北岸，是一壁方正平削的基石，玉壁千仞，伸入半空，岩顶林木青翠，四壁反削而入，直下平地，就像一个依天而立的翠屏，隐藏在平林洲深处，故名隐屏峰。峰的半腰，有一个宽大的岩洞，这就是光天洞。洞内岩石排列成八卦的阵势。洞后山岩形若头陀，名为罗汉岩。岩右又有一洞，叫罗汉洞。峰下有紫阳书院，为南宋伦理学家朱熹于宋淳熙十年（1183年）辞官来此所建精舍，收徒讲学有10年之久，因朱熹别名紫阳，故书院取名紫阳书院。明正统年间，改为"朱公祠"，现仅存部分建筑。

天游峰位于隐屏峰之后，顶有天游观、妙高台、胡麻涧等景致。天游峰内塑有武夷君、彭武和彭夷的坐像。妙高台上长有一株罕见的南国相思树，每当秋风送爽，晶莹玲珑的红豆撒落台上，成为有情人的心爱之物。在天游峰的东壁有一山涧，涧水蜿蜒南来，在妙高台西面飞湍

天游峰

而下，形成雪花泉瀑布的奇景。天游峰下则是一座巨大岩壁，高500余米，宽1000余米，阔大平整，是武夷山风景区中最大的岩石。如遇夕阳照壁，则见岩壁条缕分明，形如仙人晒布，故名"晒布岩"。

一线天又名灵岩，位于武夷山风景区南部。它有武夷山最奇特的岩洞，分布着灵岩洞、风洞和伏羲洞三洞。伏羲洞内常可见到稀有的哺乳动物白蝙蝠。风洞在三洞当中更为奇特，洞口石壁上镌有"风洞"二字，为

一线天

宋代徐自强所书。相传古时灵岩洞穴中有巨蟒，在洞中吐气伤人，后被一位葛姓仙人驱动六戊之神，封住了蛇妖所吐之毒气，除去了蛇妖，故此洞又名葛仙洞。

虎啸岩位于二曲溪南，四壁陡峭，雄踞一方，虎啸岩半壁有一巨洞，山风穿过洞口，发出如虎啸般的吼声，故名虎啸岩。岩壁上镌有清康熙年间崇安县令王梓手书"虎溪灵洞"四字。清康熙四十六年（1707年），泉声和尚重入武夷山寻胜，看中泉石天趣的虎啸岩，遂在虎啸庵的旧址上建起天成禅院，还在此指点出白莲渡、集云吴、坡仙蒂、普门兜、法两悬河、语八泉、不浪舟和宾羲洞八景。玉女峰二曲溪岸有一座突兀的山恰似一位亭亭玉立的少女，这座山便是玉女峰。这样一处美景，激发了人们无限的想象。如今玉女峰已成为武夷山的象征。

莲花峰中部一座高50多米的丹岩，显露出酷似大佛的尊祖像，硕大的头部、慈祥的脸庞、袒露无遗的宽腹、壮硕的臂膀，形似扣冰古佛。他和颜悦目、栩栩如生地端坐在莲花峰妙莲寺前。据传，扣冰古佛曾在妙莲寺修行多年，而古崖居妙莲寺所处地势磅礴险峻，古人将逶迤百米长的天然岩洞修建成一方静土的佛家圣地，实是巧夺天工。

悠久历史的文化名山

武夷山除了独特的自然景观外，更是一座有着悠久历史的文化名山。这里拥有一系列优秀的考古遗址和遗迹，包括建于公元前1世纪的汉城遗址、大量的寺庙和与公元11世纪产生的朱子理学相关的书院遗址。这里也是中国古代朱子理学的摇篮。作为一种学说，朱子理学曾在东亚和东南亚国家中占据统治地位达多个世纪，并在哲学和政治方面影响了世界很大一部分地区。

武夷山脉是中国东南部最负盛名的生物保护区，也是许多古代孑遗植物的避难所，其中许多生物为中国所特有。九曲溪两岸峡谷秀美，寺院庙宇众多，但其中也有不少早已成为废墟。该地区为唐宋理学的发展和传播提供了良好的地理环境。自11世纪以来，理教对中国东部地区的文化产生了相当深刻的影响。公元1世纪时，汉朝统治者在城村附近建立了一处较大的行政首府，厚重坚实的围墙环绕四周，极具考古价值。

知识点

大王峰南麓武夷宫，据说是汉武帝遣使节祭祀武夷君之处。它是武夷山最古老的一座官观，始建于唐天宝年间，又称天宝殿，是历代帝王祭祀武夷君的地方。后多次修葺、扩建。殿四周有仿宋古街、茶观、幔亭山房、武夷山庄、彭祖山居和翠烟小肆等景致，玲珑雅致、古朴华美，原存的两处清代官观旧址——万年宫和三清殿。武夷宫的仿古宋街全长约300米，南北走向，建筑风格古色古香，富有宋代遗韵。

延伸阅读

扣冰古佛，俗姓翁名乾度，法号藻光，武夷山吴屯水东村人，唐代河西节度使翁承钦之子，幼具佛性，13岁出家，历尽艰辛，致力于佛法研究，是我国古代参悟到禅学真谛的大师之一，名列全国名僧的六祖下五世之列，是武夷山籍人修成正果加入佛籍的高僧，因意志坚毅，冬天凿冰而浴，故尊称扣冰古佛。

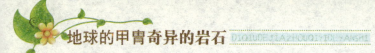

●地质地貌奇观翻花石海 ----------------------

江源县翻花石海

吉林江源县境内发现一处世界罕见的地质地貌奇观——翻花石海。此景观位于大阳岔镇北四方顶子西半山坡2千米处。据推断，这种地貌很可能是280年前，长白山休眠火山最近一次爆发形成的。

在吉林江源县不远的山上，有一个怪石坡，坡上是清一色的黑色石块，面积非常大，犹如石海。此"石海"坡度70，东西长百余米，南北长百余米，面积万余平方米，黑色石块上有白色干青苔，裸露于半山坡。周围有近万株高山杜鹃花。"石海"半裸露的石块，方圆几十平方千米，上面生长着乔、灌木。远眺"石海"，在数万株高山杜鹃花掩映下，坡状"石海"像十几丈高的海浪翻滚涌动，气势磅礴。

此景观距吉林省地质地貌的大阳岔寒武—奥陶系保护区只有12千米，而距干饭盆溶洞只有6千米。黑石块坚硬致密，每一块都有篮球大小，一些石块的表面已被青苔覆盖，石块间夹杂生长着许多灌木。这些黑色的石块正是"翻花石"，属于玄武岩，含有大量的铁质，如此大面积的"翻花石"形成了"翻花石海"，这样的地质地貌在世界上也属罕见。

老黑山和火烧山附近的翻花石海

在黑龙江省五大连池市的老黑山和火烧山附近，就有这么一片地方，如同刚刚翻过还没有平整的田地上，大大小小的土块高低不平地堆积在地面上，土块棱角清楚，横七竖八地或立或卧，远远望去就像地面上堆满了乱石。不过这里可不是翻耕土地形成，而是火山熔岩造就的，熔岩形成的地面就像刚刚翻过的土地，地面上堆满了棱角鲜明的石块，油黑发亮、寸草不生。这片地方被人称为翻花石海。

老黑山和火烧山都是活火山，它们最近的一次喷发离现在还不到30年。

老黑山山高不过110米，而山顶的漏斗形火山口却深达130米。火烧山当年喷发时十分猛烈，山体被炸成了两半，所以人们也叫它两半山。

老黑山

老黑山、火烧山喷发时，喷出的岩浆顺山势下流，在山附近形成了一片绵延10余千米、厚达40米的熔岩台地。岩浆凝固后形成的岩石呈青黑色。岩浆是流动过程中逐渐凝固的，所以熔岩台地表面的形态真是五花八门，有的地方像蜿蜒爬行的蟒蛇，有的地方如一条条绳索，有的地方似流水的漩涡，有的地方宛如河道中流放的木排，在地形变化、地势陡降的地方，还会形成石质瀑布。"翻花石"就是熔岩台地中的一段。岩浆中含有气体，凝固时气体会逸出，气体拱动岩浆，还形成了突起于地面之上的石塔和浅盘状的石碟。

知识点

"翻花石"是由火山岩聚集而成的地质景观。其形成原因，是在火山喷发时，岩浆流经裂缝地面，遭遇强烈喷气受阻，从而形成大面积的破碎溶岩。根据"翻花石海"地貌形成原因的推断，大阳岔林场的这座山上早些年前存有火山锥。史料记载，长白山最近的一次火山爆发在280年前，发现"翻花石海"的山系也隶属于长白山系。

延伸阅读

干饭盆是地名，位于吉林省长白山脉江源县境内，里面据说有九九八十一盆，大盆套小盆，盆盆相连、盆盆相接。令人感到神奇的是，此地像大西洋中的百慕大魔鬼三角一样充满了神秘，走进"干饭盆"，罗盘、指南针都有可能失灵，使入访者迷路，进得去出不来。

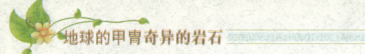
●流水侵蚀地貌土林岩石

土林岩石

土林是种独特的流水侵蚀地貌，在云南元谋盆地和西藏的阿里扎达盆地最为发育，此外，云南的江川、南涧、四川的西昌、甘肃的天水和新疆的叶城等地也有分布，但是，就面积、观赏性、典型性

云南土林

和密集程度看，它们都不能与元谋土林相比。

云南土林，分布较广，其中以元谋县的物茂土林、班果土林、浪巴铺土林为佳。它与西双版纳热带雨林、路南石林并称之为"云南三林"。元谋物茂土林位于元谋县境内，距县城32千米，是个不可不去的地方。

提起云南省元谋，大家很自然的会想到古猿人元谋人遗址。但元谋还有一种奇特的地貌——土林，很值得人们去观赏。元谋土林计有13座之多，总面积达42.9平方千米，约占全县国土总面积的1/50。最壮观的有新华土林、班果土林和已开发成风景区的虎跳滩土林，它们跟其他小区域土林一道组成了国际国内罕见的元谋盆地土林群落。

一踏进元谋盆地土林，那千姿百态的造型，就仿佛使人进入另一个新奇的天地。有的土柱如锥似剑，直指蓝天；有的像威严武士，整装待发；有的如亭亭少女，凝视远方；有的土柱顶上杂草丛生，间或长有野花；有的砂石垒垒，裸露身躯……当然，各种形态的土柱是混杂分布的，这就使得土林形成了丰富多彩，变化层出不穷的姿态，令人叹为观止。

土林之奇，在于同一个景观，在不同人的眼里都不同，在儿童眼里，这里是动物园，有的如奔马仰天长啸，有的似熊猫憨态可掬。这边是群猴攀援嬉戏，那边的狮虎在相争；而在成人眼中，这些土林似仙境，如神话，人们可以充分发挥自己的想象力。

土林的形成

要走进土林，会发现这些土林多由沙粒、黏土组成。其中还有丰富的动植物化石，如巨大的栎属性硅化木、剑齿象、中国犀、剑齿虎等。

土林的形成，最远可追溯到8000万年到1亿年的冰河时期。在冰水沉积期，冰水流动带来杂物，形成沙粒砾层。沙粒砾层成岩硬化后，受新地壳运动影响，出现裂口或裂缝（地质学上称龟裂），暴雨径流强烈侵蚀、切割地表深厚元谋土林的松散碎屑沉积物所形成的分割破碎的地形。又因沉积物顶部有铁质风化壳，或夹铁质、钙质胶结砂砾层，对下部土层起保护伞作用，加上沉积物垂直节理发育，使凸起的残留体侧坡保持陡直。一般高20米左右以至40米。各柱体常持高度齐一的顶部，是原始沉积面。土林一般出现在盆地或谷地内，以近年在中国云南元谋发现的为最典型。还见于四川西昌黄联关、西藏扎达、甘肃天水与张掖等地。它主要分布于不同时代的高阶地上，系多期形成，反映了古地理变迁和地貌发育过程。

土林是特殊的岩性组合、构造运动、风雨动力和生态环境等条件综合作用的结果。元谋盆地地处川滇南北构造带中段，为一受南北间大断裂控制的断陷盆土林地，其东部分布着侏罗纪、白垩纪长石石英砂岩、砾岩和泥岩构成的侵蚀山地，相对高差1000～1500米；西部为元古苴林群片麻岩、石英岩、片岩、千枚岩和晋宁期的花岗岩组成的低山丘陵，盆地内广布上新世—全新世的晚新生代地层，土林发育于上新统—早更新统的层位。

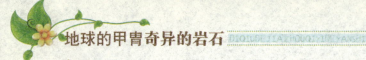

地球的甲胄奇异的岩石

🖊️ 知识点

　　西双版纳热带雨林其总面积2854.21平方千米，它的热带雨林、南亚热带常绿阔叶林、珍稀动植物种群，以及整个森林生态都是无价之宝，是世界上唯一保存完好、连片大面积的热带森林，深受国内外瞩目。地处云南南端的西双版纳热带雨林是当今我国高纬度、高海拔地带保存最完整的热带雨林，具有全球绝无仅有的植物垂直分布"倒置"现象。

📚 延伸阅读

　　冰河时期简称冰期，地球表面覆盖有大规模冰川的地质时期。又称为冰川时期。两次冰期之间为一相对温暖时期，称为间冰期。地球历史上曾发生过多次冰期，最近一次是第四纪冰期。地球在40多亿年的历史中，曾出现过多次显著降温变冷，形成冰期。

●雅丹地貌魔鬼城 ------------------------------

敦煌雅丹地貌罕见的天然雕塑博物馆

　　敦煌雅丹地貌属于古罗布泊的一部分，在敦煌这块神奇的土地上，大自然创造出了许多奇观异景。敦煌雅丹位于新疆、甘肃交界处，距玉门关西北80余千米处，有一座典型的雅丹地貌群落，布局有序、造型奇特，是一座罕见的天然雕塑博物馆。堪称敦煌的又一奇观，它是大自然鬼斧神工，奇妙无穷的天然杰作。

　　敦煌雅丹地貌，土质坚硬，呈浅红色。东西长约15千米，南北宽约2千米，与青色的戈壁滩形成了强烈的对比，在蓝天白云的映衬下格外引人注目。

"魔鬼城"奇景

进入雅丹，遇到风吹，鬼声森森，夜行转而不出，当地人俗称雅丹为"魔鬼城"。其整体像一座中世纪的古城堡，这座奇特的城堡，是地质变迁自然风雕沙割的结果，是大自然鬼斧神工的杰作。

整个雅丹地貌群高低不同、错落有致、布局有序。城堡内城墙、街道、大楼，广场、雕塑。如同巧夺天工的设计师精心布局一般。每个雅丹地貌都各具形态，千奇百怪，造型生动，惟妙惟肖。像宝塔、像宫殿、像麦垛、像昂首屹立远眺的金孔雀、像展翅欲飞的雄鹰、像大海中乘风破浪的船队、像怒目远视的武士，还有的像亭亭玉立的美女……在这里，千奇百怪的雅丹地貌，会使你心旷神怡，放飞思绪，浮想联翩；在这里我们可以展开丰富的想象力，领略大自然妙造天成的神奇之美。

雅丹地貌与戈壁荒漠的鲜明对比

从敦煌市区驱车前往，穿过一大片戈壁荒漠，大约一个多小时后便抵达久负盛名的玉门关下，然后再沿曾是丝绸之路古道的疏勒河谷西行85千米即到。沿途汉代长城、烽燧遗址依稀可见，沼泽和草甸连片，湖岸上芦苇丛生，湖面上水禽嬉戏，不时地有野鸭、大雁、天鹅等水鸟拍打着水面飞向蓝天，在大漠深处的罗布麻、红柳、胡杨、骆驼刺编织了一幅让人赏心悦目的画面。渐渐地，沼泽干涸了，草甸消失了，河谷被戈壁沙漠所湮没，周围又是茫茫瀚海。

天　鹅

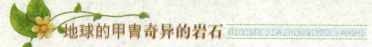

不久，就会发现在平坦的河床上，一座座土丘峰峦突兀耸立，就像是一幢幢"建筑"高低错落，鳞次栉比，有的像大楼，有的像教堂，有的像清真寺，有的像蒙古包；甚至连北京的天坛、西藏的布达拉宫、埃及的金字塔和狮身人面像等世界著名的建筑都可以在这里找到它的缩影。大漠雄狮、丝路驼队、群龟云海、中流砥柱……一件件"雕塑作品"形象生动，惟妙惟肖。置身其中，宛若进入了建筑艺术的展览馆，让人目不暇接。

敦煌的雅丹地貌面积大，造型奇特。正如地质专家所言"敦煌的雅丹地貌的形成时间之久远，地貌之奇特多样，规模之大，艺术品位之高，堪称世界仅有的大漠地质博物馆"。

雅丹地貌的形成

雅丹有各种各样类型，形状不同，但形成过程却大致相似。最初，是地表的风化破坏。罗布洼地，曾经是一个大湖，而留下的湖相沉积，是在地质岁月中形成的，曾经发生的反复的水进水退，使湖底形成一层泥、一层沙，又一层泥、又一层沙交错成层结构。其中的泥岩层结构紧密坚硬，一般不易遭受风水的侵蚀，但是，它却抵御不住温差的作用。在罗布荒原旅行，常会听见突发的"噼啪"声，有时似鞭炮，有时似狼嚎，难怪当年行经此地的法显和尚毛骨悚然，称"沙河中多有恶鬼热风"。

罗布泊地区处于极端干旱区，昼夜温差变化剧烈，常达30℃～40℃以上。热胀冷缩的效应，使外露的岩石崩裂发出声响。连被称为"顽固不化"的花岗岩，在这种气候环境中也只能顽而不固，逐渐崩裂成碎块，又何况泥岩。不过，泥岩不会像花岗岩那样成块状崩裂，因它的结构是层片状，崩裂也是一层层剥离脱落，形成许多水平状或垂直状的外观，使夹在泥岩层之间的沙层逐渐暴露在地表，为雅丹形成的第二阶段创造了条件。

地表风化破坏后，风、水即有了肆虐的对象。在风的吹蚀或水流冲刷下，堆积在地表的泥岩层间的疏松沙层，被逐渐搬运到了远处，原来平坦的地表变得起伏不平、凹凸相间，雅丹地貌的雏形即宣告诞生。

雏形的雅丹更有利于风化剥蚀作用。在沙层暴露后，风、水等外力继续施加作用，使低洼部分进一步加深和扩大；突出地表的部分，由于有泥岩层的保护，相对比较稳固，只是外露的疏松沙层受到侵蚀，由此塑造出千奇百怪的形态。至此，雅丹地貌最后形成了。

但是雅丹在形成后，也不可能一劳永逸地保持原来的面貌，因为包括风和水在内的外营力的作用永不会终止，使雅丹外貌也出现常变常新。随侵蚀作用的继续，凹地会越来越大，而凸起的土丘则会日渐缩小，并逐渐孤立，最终必然崩塌消失。这种情况，在罗布泊东岸的阿奇克谷地中比比皆是，说明雅丹地貌在这里已度过了它的最盛时期，开始走上消亡之路。

🖊 知识点

不同的时间进入雅丹地貌群，感受是完全不同的。清晨走进雅丹地貌，旭日东升时，登高远眺，点点朝霞，金光四射，气象万千；中午走进雅丹地貌，头顶太阳高照，身边怪影重重，千奇百怪的雅丹群中，仿佛处处青烟缭绕；傍晚进入雅丹群中，巨大的红日悠悠西沉，身边徐徐清风，头顶霞光灿烂，给人美的享受。

📚 延伸阅读

丝绸之路，简称丝路，是指西汉（公元前202—8年）时，由张骞出使西域开辟的以长安（今西安）为起点，经甘肃、新疆，到中亚、西亚，并联结地中海各国的陆上通道（这条道路也被称为"西北丝绸之路"以区别日后另外两条冠以"丝绸之路"名称的交通路线）。因为由这条路西运的货物中以丝绸制品的影响最大，故得此名（而且有很多丝绸都是中国运的）。其基本走向定于两汉时期，包括南道、中道、北道三条路线。

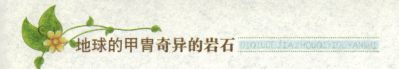
天然石拱巍巍耸立

石拱桥用天然石料作为主要建筑材料的拱桥,这种拱桥有悠久的历史,现在在石史料丰富的地区,仍在继续修建,人们也比较常见。但是天然的石拱呢? 天然的石拱,无与伦比的美丽。

有大自然雕塑之称的阿切斯石拱、屹立在大洋路的十二使徒岩石拱、石拱桥、虹桥以及最神秘而壮观的海蚀拱等,各种各样的石拱,经历了成千上万年的风吹雨淋、海水的侵蚀,以及沙漠风沙的侵袭,它们形态宏伟,气象万千,活像一个个伟大的雕塑,尽显大自然的鬼斧神工。

现在,新的石拱在地质作用之下不断地形成,而老的石拱被破坏。风蚀作用缓慢而无,伴着流年逐步能动地改变着地容地貌。有时候变化是巨大而明显的。也可能若干年或数十年以后,甚至一夕间,一些石拱会突然坍塌下来,美景不再。

●大自然的雕塑阿切斯岩拱 ————————————————

阿切斯国家公园

1971年11月12日设立阿切斯国家公园。所谓"阿切斯",即指公园内到处林立的大小式样不一的2000多个石拱。它们形态各异,气象万千,是大自然最伟大的雕塑。

阿切斯国家公园坐落在科罗拉多高原之巅,这片高原沙漠一直延伸,从西科罗拉多穿过南部的犹他州、北部的新墨西哥州直到亚利桑那州。这里是美国本土48个州中人口密度最低的地区,但却拥有美国最重要的国家公园。

阿切斯国家公园遍布超乎想象的丰富自然景观：山脉、峡谷、奔流的大河、巨大的山谷、悬崖、山丘、尖顶、山峰和延绵不绝的沙漠景观。

这里更是理想的岩石胜境，这里遍布着巨

阿切斯国家公园

大的似乎摇摇欲坠的平衡岩。这里的柱脚和尖顶就像儿童们在海滨堆成的滴落式沙堡，只是被放大成了巨型。平滑的岩石圆顶在一望无际的红色沙石和春天野花丛中闪闪发光，岩层在辽阔的蓝天下熠熠生辉。

阿切斯国家公园拥有全世界最大的自然石拱门群。这里的数百个拱门形态各异、色彩缤纷，其中就有举世闻名的纤拱门和庞大的风景拱门（LandscapeArch）。另一个著名特色景观是"公园大道"（ParkAvenue），在这里，红色的恩特拉达沙岩石板或石墙笔直地耸立在周围的彩色沙漠上，就像纽约的摩天大楼一样。

大自然最伟大的雕塑阿切斯岩拱

阿切斯岩拱是美国阿切斯公园的物质和精神支柱。阿切斯岩拱高耸在光秃秃的的砂岩上，在阳光的照耀下发出铁锈色的光辉，吸引着游者兴奋的目光。

风景拱门：在魔鬼花园中，一定要看看跨度88.7米的风景拱门。在过去20年中，巨大的岩石块不时从这个壮丽的拱门上掉落。

双拱门：从停车场步行一小段就能看到双拱门，正如它的名字一样，它有两个壮观的拱门。在蔚蓝的天空下，晨曦中的双拱门令人惊叹不已。

平衡岩：表面看来，平衡岩似乎随时会轰然扑倒在脚下的沙漠中，但实

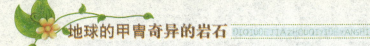

际它们已在这里屹立了数千年。在附近的拉索山脉映衬下，令人叹为观止。

自然界真是无奇不有，拱桥居然还有天生的。除了阿切斯岩拱千姿百态的天生拱和天生桥，是自然界的又一大杰作。此外，美国新闻媒体列举了全球十大最怪诞的岩石，其中之一的佩尔塞岩石也是完美大自然完美的雕塑品。

大量岩拱形成的原因

那么这里拥有大量岩拱的原因是什么呢？原来科罗拉多高原的岩层由远古时代海底的沉积物组成，富含盐分。随着沉积物的日积月累，岩层受到的压力越来越大，慢慢发生形变。

粉沙状的岩石开始像热油灰一样流动，较厚的岩石层逐渐变薄，而较薄的岩层则从地表隆起。尽管阿切斯地区雨量极少，但就是这有限的雨水，塑造了这里的地形——使凝结砂岩的黏合物分解。在冬季，岩层中的水受冷结冰而膨胀，使岩石颗粒和薄片脱落，出现了孔洞。随着时间的流逝，水、融雪、霜和冰渗入的侵蚀，使孔洞的面积进一步扩大。最后，孔洞中的大块石头脱落，石拱形成。正是因为盐分的存在，阿切斯岩拱由风霜雨雪在山体上造成小坑洼开始，透穿成洞，扩大，成为一个美丽的石拱。最后它也会因风霜雨雪的侵蚀而崩落，化为尘土。这就是岩拱的一生。

知识点

名为"风景拱门"的天生拱，因跨度居世界第一而出众。它那凌空横架的扁平细长形砂岩质拱身，全长88.7米，高30.5米，拱顶嘴狭处只有1.8米宽，3.3米厚，看上去大有断裂之虞。

延伸阅读

佩尔塞岩石是世界上最大的自然拱形岩石结构之一，之前佩尔塞岩石具有

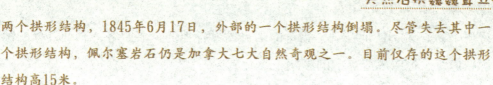

两个拱形结构，1845年6月17日，外部的一个拱形结构倒塌。尽管失去其中一个拱形结构，佩尔塞岩石仍是加拿大七大自然奇观之一。目前仅存的这个拱形结构高15米。

●岩柱景观十二使徒岩 ————————————————

顶天立地十二使徒岩

十二使徒岩位于澳大利亚维多利亚州的大洋路边上，坎贝尔港国家公园之中，屹立在海岸旁已有2000万年历史了。由几亿块小石头聚积而渐渐形成，继而埋藏在海底，直至后来，强烈的海潮和风力终令这些岩石暴露水面，成为现时著名的十二使徒岩。

十二使徒岩是大洋路景区最经典的高潮所在，坎贝尔小镇海岸边上错落有致的座座岩柱。那岩柱高约20米上下，形同一个个顶天立地的巨人，屹立在碧海波涛中，细数有12座之多。即为基督耶稣手下的"十二使徒岩"。尽管知道这只不过是人们借景物悉心编造出来的神奇传说和动人故事而已，但那气势恢宏的外观造形，不失为鬼斧神工的天然艺术杰作。

十二使徒岩站在岩石峭壁上，由南极圈吹来的季候风，圈起海浪打在悬崖底下的沙滩，惊涛拍岸，回音重重，声音从100多米下的崖壁传送上来，那种声音如天籁一般，像是有人在细语不断，似乎又是一种简单清扬的旋律。"站"在海岸边的那些巨大岩块，被海水和雨水切割，加上劲风侵蚀，数千或数万年之后，变成一个个不同造型的石柱。远远眺望，不只觉得自己的渺小，甚至应该说是"忘我"。据说这里是个自杀的好地方，因为这里美得让人可以了无遗憾地跳下去。难怪海岸边都有警告牌：到此为止，别太亲近了。

岩石峭壁"十二使徒岩"，再加上头顶蓝天衬映，脚下白浪翻飞，耳边涛声不断，无不使前往观光猎奇的来自世界各地的众多游客，感到万分的惊讶、惊奇、惊叹和心灵上的震撼。

伤痕累累的岩柱，举世无双的奇观

其实，曾被人们誉为"海上桂林"的越南夏龙湾海面，以及海南的三亚、浙江的普陀、青岛的崂山海面也有岩柱景观。但无论从数量上，抑或形态外观上，都没有大洋路这里的岩柱雄伟壮观，没有这里的岩柱气势磅礴和扣人心弦，更让人不可思议的是，这里的岩柱都是砂砾地质的岩柱，须历经不知多少岁月，多少风雨和海浪的侵蚀与风化，方可从岸边绿地中分割、冲刷出来。

站在海岸边土黄色的悬岩峭壁上，面对眼前一座座伤痕累累的岩柱，人们的敬佩之心油然而生。无疑，它们就是人们心目中一个个毅然挺立的英雄，年复一年，日复一日，始终默默无闻地屹立在那里，经风雨、见世面，创造出这举世无双的大自然奇观。

面对独特的"十二使徒岩"以及神奇的大洋路景观，常常唤起众多游人的兴致，人们不断地变换拍摄角度，一个个的就是拍个不停。据传，黄昏的

十二使徒岩

大洋路景观是最美的时段、也是最佳的拍摄时刻，落日的余晖把大海、岩柱、悬崖、树木、远山……都洒上一层金黄色。那时的大洋路处处鎏金溢彩的，更加神奇、更加壮观和更加大气。

"十二使徒岩"的成因

这"十二使徒岩"实际是海蚀地型，受海水长期冲浊后，各以不同造型风姿卓越地屹立海上，大自然之美展现无疑。

在过去的1000～2000万年中，来自南大洋的风暴和大风不断地腐蚀相对松软的石灰岩悬崖，并在其上形成了许多洞穴。这些洞穴不断变大，以致发展成拱门，并最终倒塌。结果就是这些形状各异的岩柱，最高达到45米的岩石从海岸分离了出去。

"使徒"不断倒下

随着时间的推移，由于波浪缓慢地侵蚀着它们的根基，一座座岩柱都会逐渐地、不断地风化、脱落、缩小、坍塌……直到最后完全消失。2005年7月3日一块石头碎裂，2009年9月25日又有一条倒塌，因此现在仅剩7块石头。海浪对这些石灰石的侵蚀的速度大约是每年2厘米。随着侵蚀作用的进行，旧的"使徒"不断倒下。

但悬崖岸边现又形成的多个海湾、多座被海水冲击形成下空的拱桥状山体又告诉人们：总有那么一天，大自然也会把它们分割、雕凿成一座座新的岩柱。这就是大自然循序渐进的客观规律，也是历史演绎变化的最终结果。

知识点

坎贝尔港国家公园建立在1964年，而在1981年它从最初的700公顷面积扩展到现在的1750公顷。坎贝尔港国家公园覆盖了王子镇普林斯敦和彼得伯勒之间的海

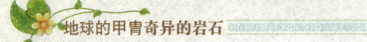

岸线区域，该区域因为曾经的很多次沉船事件而闻名于世。在坎贝尔港国家公园内的海岸线坐落着经过几百万年的风化和海水侵蚀形成的12个断壁岩石。

延伸阅读

　　十二使徒，基督教术语，原意为"受差遣者"，指的是耶稣开始传道后从追随者中拣选的十二个作为传教助手的门徒。使徒分别到黑海、帕提亚和小亚细亚等传播福音。《圣经》记载十二使徒是彼得、安德烈、西庇太之子雅各、约翰、腓力、巴多罗买、多马、马太、亚勒腓之子雅各、达太、西门、加略人犹大。犹大因出卖耶稣后自尽，补选马提亚为使徒。

●倒塌天然奇岩石拱 --------------------------

短命拱岩

　　一些世界上最美丽、最奇特的天然岩层，往往也是最脆弱的。正是这种易碎的特性成就了它们美丽、奇特之处。尽管它们曾经傲然耸立了千百万年，但在风吹、侵蚀和重力作用下，最终也难逃倒塌的命运。

　　岩如其名，短命拱岩于2010年5月26日兑现了自己名字的蕴意。短命拱岩过去曾经是内华达州火谷州立公园中最受欢迎的旅游目的地。短命拱岩本身相对较小，只有6英尺（约合1.8米）高，5英尺（约合1.5米）宽。但是，由于它坐落于一块40英尺（约合12米）高的岩层之上，因此在空旷的沙漠背景中，短命拱岩显得鹤立鸡群。短命拱岩也被昵称为"龙"，因为有的人认为它看起来很像是一条雌性龙正在喂养自己的后代。

"上帝手指"

　　"上帝手指"位于西班牙加纳利群岛阿加特镇的海岸边。目前，"上帝手指"岩石至少大部分仍存在于该处。这块岩石看起来很像是一根指向天空的手指，这一独特的造型至少已形成了20万到30万年。"上帝手指"和周围的岩石主要由玄武岩组成，历史大约有1400万年。2005年11月，当热带风暴"德尔塔"袭击加纳利群岛时，狂风摧断了"上帝手指"的指尖部分，并将其卷入了大西洋之中。

犹他州墙拱

墙拱位于美国犹他州石拱国家公园之中。经历了成千上万年的风吹雨淋，以及沙漠风沙的侵袭，这处岩层最终形成了这种奇特的拱形。令人难以置信的是，如此壮观、迷人的奇景，在2008年10月4

犹他州墙拱

日的夜间，这座拱岩轰然倒塌。墙拱的中心横梁已成为一片碎石和尘埃。墙拱的拱门宽度达71英尺（约合22米），高度约为33.5英尺（约合10米）。

烟囱岩

烟囱岩国家历史遗址位于美国内布拉斯加州。烟囱岩正在经历着缓慢倒塌的过程，其顶端是一种坚硬的沙岩。经历了成千上万年的风化侵蚀，烟囱岩顶部高度不断下降。但是，雷击是造成烟囱岩大幅降低的主要原因。

"跳跃乔"岩

"跳跃乔"岩位于美国俄勒冈州新港附近的海滩，是一座著名的海岩，

其独特之处在于拥有一个锁眼拱形。"跳跃乔"岩由相对较软的凝固沙岩组成。它由一个天然岩石堆逐步进化成一个独立的海栈,并最终露出海面。凭借其独特的造型,"跳跃乔"岩在过去100年中成为许多文献和摄影作品的主角。

针眼岩

针眼岩是一座11英尺(约合3米)高的白色沙岩。这座优美的拱岩位于密苏里河上游,蒙大拿州密苏拉市附近。然而,这座已屹立了数千年的美丽岩石却因为人类的恶意破坏而倒塌。

知识点

在冰岛,最能感受到大自然力量的神奇。许多神奇的地形地貌也带来了各种美丽的民间传说。根据当地一个民间传说故事,图中这位坐在海边的"妇女"正在期盼自己出海打鱼的丈夫平安归来。面对茫茫大海,这位痴心的妇女变成了一

冰 岛

尊岩石继续守候。2006年5月，也许这位妇女再也无法忍受这种长期、无望的等待，最终"纵身投海"。

延伸阅读

老人岩最早于1805年被发现，现在已成为新罕布什尔州的地标性天然建筑。这块由五层红花岗岩构成的石头酷似一个凝视东方的老人头。然而，不幸的是，这位从冰河时期就已出生的"老人"仍然逃脱不了死亡的命运。2003年5月3日，老人岩最与众不同的花岗岩边缘轰然跌落。

●美丽的石拱门桥

世界上最大的天然石拱桥虹桥

坐落于美国犹他州南部的虹桥是世界上最大的天然石拱桥之一。当地一直以其土著部落而闻名，而这些壮观的沙石构造直到20世纪初才被美国的研究者们发现。这一发现的姗姗来迟，与鲍威尔湖以及其分支水流造成的隔绝有一定牵连。

这座天然石拱桥全长84.7米，横跨于冲蚀出它的流水上空94.2米，整个桥身由粉红色的砂岩组成，在桥顶处厚达13米，宽6.7~10米。它酷似夏日雨后放晴高悬在蓝天的彩虹，因而名为"虹桥"。1910年虹桥被纳入建为虹桥国家纪念碑。

月亮山

月亮山是阳朔境内的奇景，它在高田乡凤楼村边，高达380多米。因为山顶是有一个贯穿的大洞，好像一轮皓月，高而明亮，所以人们叫它明月峰，俗称月亮山。

月亮山的风光古朴素雅、恬静安逸。人们可顺着一条800多级的登山道直达山上的大石拱，也称月洞。这个石拱大得离奇，高宽各有50米，而山壁却只有几米厚。洞的两壁平整似墙，洞的顶部却挂满了钟乳石，形状各异。其中两块很像月宫里的吴刚和玉兔。大石拱两面贯通，远看酷似天上月挂高峰。因此，沿同脚赏月路不同角度观看月洞，步移景换，月随人变，显现圆月、半月、眉月的不同景象，观赏到月亮"由圆变缺，由缺到圆"的盈缺变化，如此惟妙惟肖地宛若明月高悬的天生景观，世界上唯有此处。

清代徐廷净称此景是月挂高峰，他作诗道："峰峦顶上镜光浮，旦夕空明未见收。自昔悬崖崩一角，至今遗魄照千秋。山穿月曜无圆缺。月出山辉任去留。万古不磨惟此镜，与君长作广寒游。"

中国的仙人桥

这座仙人桥坐落于中国山东泰山一条陡坡上，它的陡峭度会让你望而却步。仙人桥是由几块巨大的石块一块一块堆砌而成，充满随时坍塌的危险。假如来场地震，仙人桥和它上面的石块都会坍塌到泰山底部的深峡谷里。到那时，所谓的"仙人"也不得不驾鹤西去了。

普安特石拱桥

普安特石拱桥位于法国南部，这儿曾经是座远古石灰岩悬崖，由于阿尔代什河的不断侵蚀，最终形成了如今的普安特石拱桥。这座风景优美的天然石拱桥估摸有60米宽，45米高。这儿同样游人如织，人们来这只为看看当地的大量史前遗址和洞穴，比如著名的肖维岩洞。

德里克特拱门

美国犹他州的国家公园拥有2000多座石拱门桥，而高16米的德里克特拱门是迄今为止最为闻名的一座。让人好奇的是，早在1929年，它还不属于国家公园之列，直到1938年公园扩大边界它才加了进去。

马耳他的蔚蓝之窗

蔚蓝之窗形成于几百万年前，当时一座石灰岩洞突然崩裂，留下了今天这座天然石拱。去往马耳他的戈左岛，整个蔚蓝之窗便呈现在人们的眼前。这座海蚀拱规模不小，吸引了无数观光客前来，为他们呈现了一个高出深蓝地中海50米的"窗口"。世间万物皆不久留，蔚蓝之窗亦是如此。马耳他官方曾警示过游客们不要太过靠近石拱，因为之前就发生过岩石掉落造成安全事故。依次估计，蔚蓝之窗在地球上的停留时间不会太久了。

中国的西普顿石拱门

西普顿石拱门位于中国新疆维吾尔自治区喀什格尔的一片荒凉地区，这座石拱门的发掘实属不易，直到1947年英国探险家艾瑞克·希普顿才在附近山区发现了它。如今它被视为是地球上最高的天然石拱门，有365米，大约相当于美国帝国大厦的高度。这座巨型石拱门在被西普顿发掘后就被遗忘了一段时间，虽然曾经被吉尼斯记录在册，可后来吉尼斯的编辑也不确定它的具体位置，于是就将它放弃了。直到2000年，一支来自美国国家地理的研究队伍成功抵达于此，最终将它的辉煌海拔收录于册。

如同日落一样，石拱门和石拱桥在大自然都只做短暂停留，这种短暂使得它们的美丽变得更加珍贵。

📙 知识点

自1970年以来，犹他州国家公园的43座天然石拱桥已夷为平地。尽管这不是什么新问题，但令人沮丧的是，这些现存的石拱门桥终有一天也会消失殆尽。有一点值得注意，在1950年国家公园管理局曾考虑给它们镀上透明塑料，防止进一步腐蚀。尽管出于好意，但其实涂跟不涂没有太大差别。

延伸阅读

　　吉尼斯记录，其集世界上最好、最坏、最美、最怪、最惨、最伟大……之大全，内容包括人类世界、生物世界、自然空间、科技世界、建筑世界、交通运输、商业世界、艺术欣赏、人类潜能、体育世界、社会政治等11大类数十个小类，收录了许多光怪陆离、难以想象的记录。

●最神秘而壮观的海蚀拱 ----------------------

法国的埃特尔塔

　　法国诺曼底的埃特尔塔（Etretat）因其壮丽、独特的悬崖而闻名世界，其中就包括自然形成的海蚀拱。海蚀拱的左侧，海水正在侵蚀另一个现在还只是海蚀柱的海蚀拱。

美国夏威夷海蚀拱

　　如对更为温暖的热带水域充满渴望，可以向夏威夷和国家火山公园进发，那里很多的海蚀洞和熔岩洞坍塌，形成雄伟壮丽的海蚀拱。这些天然拱门仍会不断遭到侵蚀，或持续很短一段时间，或持续数百年之久。

美国加利福尼亚海蚀拱

　　每当日落时分，前来欣赏加利福尼亚海蚀拱的游客会成群结队来到这里，沉湎于大自然的壮美，纷纷拿出相机捕捉这一难得的自然美景。

美国水晶湾和戈泽岛上的海蚀拱

　　在美国加利福尼亚的科罗纳德尔玛，可以看到海蚀拱处于退潮的海水中，海浪不停地冲击着海岸。从这里到著名的水晶湾（CrystalCove）旅游区往返只有4英里（6.4千米）的路程。在科罗纳德尔玛海滩附近的悬崖下面潜行绝对令人神往。水晶湾公园拥有3英里（4.8千米）长的太平洋海岸线，以及悬崖峭壁、纵横交错的峡谷和一个离岸水下公园。从这里漂洋过海，在地中海登陆。西西里岛海岸附近的一个海蚀拱在海浪的冲击下从中间断开。

苏格兰耶斯纳比海岸和贝里海角

苏格兰的耶斯纳比海岸，该地区最著名的是泥盆纪地质特征、易碎的岩石、海蚀柱、通气孔、酷热的海水和高耸的悬崖。由于"耶斯纳比城堡"（一个有两条腿的海蚀柱）的缘故，这里深受登山者的欢迎。另一个海蚀拱位于英国的贝里海角（BerryHead），这个天然拱门看上去黑黑的，那里拥有大量山洞和受到威胁的野生动物。

英国杜德尔门

英国多塞特郡，傍晚风暴过后天然拱门"杜德尔门"（DurdleDoor）的壮观景象。站在沙滩和鹅卵石上面，会有一种暖洋洋的感觉。此时深呼吸，闻一闻空气中咸咸的味道。海风不断掀起浪花，令人不时感受到凉

英国杜德尔门

爽的惬意，海洋的能量、拍击海蚀拱的海浪以及即将来临的暴风雨，这一切令人禁不住对大自然充满敬畏之情，被眼前这个海蚀拱的壮丽所折服。

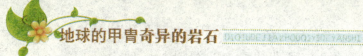

西班牙的海蚀拱

西班牙加那利群岛的兰萨罗特岛景色优美，有很多独特的风光，而熔岩洞就好比是她的"心"。那里有许多水上运动项目，如水肺潜水、浮潜、冲浪、帆板、钓鱼和帆船等。兰萨罗特岛的熔岩洞会不断遭到侵蚀，直至只留下一个海蚀拱。

在西班牙还有一块岩石上形成的可爱大洞，就是位于西班牙巴利阿里群岛马洛卡岛的卡拉桑塔尼的海蚀拱。

西班牙还有很多海蚀洞经过长年累月的风吹日晒，会变成海蚀拱，比如科斯塔布兰卡，海浪不断拍击海蚀洞，最终形成许多的海蚀拱。

澳大利亚"伦敦桥"

澳大利亚是一片神奇的土地，美得令人叹为观止。坎贝尔港国家公园包括了拱门岛（IslandArchway）和壮丽的石灰石地层。其中"伦敦拱"曾被称为"伦敦桥"，但是，风吹日晒造成这个天然之桥坍塌，只留下海蚀拱。

澳大利亚"美人鱼"

澳大利亚克拉龙（Currarong）的"美人鱼水湾"（MermaidsInlet），这里天然岩石现象更多是海蚀洞，为"美人鱼"或冒险家提供了安全通道。海水不断涌上来，侵蚀海蚀洞，最终令其断裂变成海蚀拱。

冰岛的海蚀拱

来到菲佛海滩和大瑟尔（BigSur）附近的卡利海滩。可以看到两个一样大的海蚀拱，它们在卡利海滩相隔只有几英尺。这些像窗口一样的海蚀拱召唤你重归大自然，享受静谧的环境。游泳、潜水、野餐，同时还能欣赏壮丽的海蚀拱。

此外，冰岛的"希特塞库"（Hvítserkur）也是一处奇特的海蚀拱，是火山的最后残留物。按照当地的传说，一个人在河边钓鱼时，被突然出现的太阳吓呆了，不久变成了石头。海水的侵蚀在岩石上留下了无数的洞，最终形成了外形像是惊呆怪物的奇特海蚀拱。

知识点

　　海蚀拱是指突出的海岬两侧，如发育相同的海蚀洞被蚀穿而相互形成的一种海蚀地貌。海蚀拱又称陆桥或海蚀拱桥，是基岩海岛上比较少见而又十分奇特的海蚀地貌。海蚀拱桥常见于岬角处，其两侧受波浪的强烈冲蚀，形成海蚀洞，波浪继续作用，使两侧方向相反的海蚀洞被蚀穿而相互贯通，形似拱桥，又称为"海穹"。在中国广西沿海一带，居民据其形状似由陆向海伸展的象鼻。

延伸阅读

　　传说美人鱼是以腰部为界，上半身是美丽的女人，下半身是披着鳞片的漂亮的鱼尾，整个躯体，既富有诱惑力，又便于迅速逃遁。她们没有灵魂，像海水一样无情；声音通常像其外表一样，具有欺骗性；一身兼有诱惑、虚荣、美丽、残忍和绝望的爱情等多种特性。

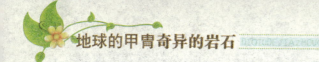
奇形怪状岩石美景

自然界塑造了许多奇特外观的岩石，有大自然精雕细琢的石涛谷波形岩石，是由红色岩石构成的波涛；龙潭峡大峡谷中，国内外罕见的巨型崩塌岩块形成的波痕大绝壁；澳大利亚条纹状的波浪岩；埃及白色沙漠里的蘑菇岩；一柱冲天庞大的魔鬼塔；相互偎依的蓝山三姊妹岩，以及通向大海的玄武岩巨人之路等，这些岩石构成的美景都有其独特之处。

也许当这一派奇异的岩石美景呈现在人们眼前，常使人怀疑是在地球，还是其他的星球。不由得感叹大自然的鬼斧神工。那是一双多么神奇的手，把小小的岩石做成奇形怪状的美景，并在岁月的流逝中，不断地变化发展，千百年后或许又是另一番景致，让人无法琢磨。

●玄武岩的奇迹巨人之路 ------------------------

世界第八大奇观巨人之路

在英国北爱尔兰的安特里姆平原边缘的岬角，沿着海岸悬崖的山脚下，大约有3.7万多根六边形或五边形、四边形的石柱组成的贾恩茨考斯韦角从大海中伸出来，从峭壁伸至海面，数千年如一日地屹立在大海之滨。被人们称为"巨人之路"。

如果不说，人们一定以为"巨人之路"是一处人工雕凿的景观，其实，这些排列有序、雕琢精细的石柱，完全出自大自然的鬼斧神工。

"巨人之路"这些黑色实心的石柱，大部分是规则的六边形，也有少量的四边形、五边形和八边形，直径一般在38～50厘米。石柱一般高出海面五六米以上，最高的有10～12米，也有与海面一般高或者隐没于海水下的。大量的玄武岩石柱排列在海岸边，绵延约6千米其气势之磅礴，景象之奇异，形成了十分壮观的自然景观，它不由得让人们对大自然的鬼斧神工发出由衷敬佩的惊叹。为此，"巨人之路"也被北爱尔兰人认为是世界第八大奇观。

贾恩茨考斯韦角

站在一些比较矮小的石块上，可以看到它们的截面都是很规则的正多边形。不同石柱的形状具有形象化的名称，如"烟囱管帽"和"大酒钵"等。

大自然的奇迹"巨人之路"

"巨人之路"海岸在苏葳海角和海湾之间，包括低潮区、峭壁，以及通向峭壁顶端的道路和一块平地。火山熔岩在不同时期分五六次溢出，因此形成峭壁的多层次结构。"巨人之路"是这条海岸线上最具有玄武岩特色的地方。大量的玄武岩柱石排列在一起，形成壮观的玄武岩石柱林，气势磅礴。独特的玄武岩石柱不可思议地捆扎在一起，其间仅有极细小的裂缝。地质学家把这些裂缝称为节理，熔岩爆裂时所产生的节理一般具有垂直伸展的特点，在沿节理流动的水流作用下，久而久之便形成这种集聚在一起的多边形玄武岩石柱。从空中俯瞰，巨人之路这条赭褐色的石柱堤道在蔚蓝色大海的衬托下，格外醒目，惹人遐思。

游览"巨人之路"的路线有两条：一条沿着高约100米的崖岸顶端行走，可以近观礁崖上镶嵌的根根柱体，远眺沿岸壮阔的层层海涛；一条沿着崖底蜿蜒的海滩行走，右侧是壁立的高崖，左侧就是柱石密布的海滩。景区集中于一段4千米长的海滩，由西向东有4个凹入崖岸的礁岩海滩，依次名为奈伯、甘尼、洛弗尔和瑞欧斯坦。奈伯海滩崖底西侧的"巨石骆驼"，甘尼海滩西侧山崖斜坡上的"巨石老太"，瑞欧斯坦海滩东侧崖壁顶端兀立的"巨石烟囱"，都是独具特色的景点。

最能体现"巨人之路"奇异景观的区域，集中于洛弗尔海滩和崖岸一带。洛弗尔海滩西侧礁岩远远伸入大海，海浪拍击的礁岩为一片壮观的柱体巨石群，东侧平缓的柱体礁岩名为"踏步巨石"，西侧参差的柱体礁岩名为"愿望之椅"。立在这片巨石之上，北望浩瀚的大西洋，海涛层层翻滚而来，击打在柱体礁岩上，涌起阵阵雪白的浪花；回望南方，海滩连接一块巨大的柱体礁岩，高高耸立，岩壁上一根一根长长的柱体从岩顶直贯岩底，巨岩背后立起一座高大的山岗，锥形山体将它脚下的景区衬托得更加雄奇。在洛弗尔海滩凹入区里，一块高逾1米、长逾2米的巨石酷似人们脚踏的靴子，被称之为"巨人之靴"。洛弗尔海滩东侧山崖的中部，镶嵌一片巨大的柱体礁岩，酷似人们弹奏的管风琴，被称之为"巨人管风琴"，而海滩上一块直径约1米的礁岩图案酷似一只巨人的眼睛，被称之为"巨人之眼"。

揭开"巨人之路"之谜

是什么样的自然伟力造就了这一举世闻名的奇观呢？现代地质学家们通过研究其构造，揭开了"巨人之路"之谜。

"巨人之路"实际上完全是一种天然的玄武岩。根据现代地质学的解析，大约在5000万年之前，在现在的苏格兰西缘内赫布里群岛一线至北爱尔兰东缘，火山

内赫布里群岛

活跃，一股股玄武岩岩浆从裂隙的地壳下涌出，灼热的岩浆遇到冰冷的海水，经过冷却、收缩和结晶，开始爆裂成规则的六边形石柱。独特的玄武岩石柱群体，不可思议地排列在一起，期间仅有极细小的裂缝。地质学家把这些裂缝称之为"节理"。在熔岩作用下产生爆裂的"节理"，一般具有垂直伸展的特点，在沿"节理"流动的海水作用下，久而久之便形成这种集聚在一起的多边形玄武岩石柱。石柱在经受海浪长期的冲蚀下，在不同高度处被截断，导致石柱的排列呈现出高低参差的台阶状外貌，使人产生了"巨人之路"的遐想。

"巨人之路"当然也是柱状玄武岩石这一地貌的完美表现。这些石柱构成一条有石阶的石道，宽处又像密密的石林。巨人之路和巨人之路海岸，不仅是峻峭的自然景观，也为地球科学的研究提供了宝贵的资料。

知识点

根据爱尔兰民间传说，"巨人之路"是由爱尔兰巨人麦库尔建造的。他把一根又一根的岩柱运到海边，想以此铺成一条跨海之路，以便自己可以走到苏格兰，去与苏格兰巨人盖尔决一雌雄。当麦库尔建成这条巨人之路后，盖尔已经来到北爱尔兰，要估量一下麦库尔的身材。麦库尔妻子得知盖尔的身材比麦库尔更高大时，为了保护她的丈夫，便叫麦库尔依偎在她的怀中假装睡着。盖尔跑来一看，问麦库尔妻子，睡在她怀里的人是谁？麦库尔的妻子说是她的儿子。盖尔一听，麦库尔的儿子这么大，那他父亲该是怎样的庞然大物啊！于是他连忙毁坏了麦库尔建造的"巨人之路"，撤回了苏格兰。现在的"巨人之路"就是传说中当初被盖尔毁坏的残余部分。

延伸阅读

玄武岩是一种基性喷出岩。矿物成分主要由基性长石和辉石组成，次要矿物有橄榄石、角闪石及黑云母等，岩石均为暗色，一般为黑色，有时呈灰绿以及暗

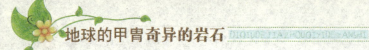

紫色等。呈斑状结构。气孔构造和杏仁构造普遍。玄武岩是地球洋壳和月球月海的最主要组成物质，也是地球陆壳和月球月陆的重要组成物质。

●石涛谷波形岩石

精雕细琢"波形岩石"

波涛滚滚大江东去，一派水域奇景呈现在眼前。这水波滚滚浪滔天的景致自然是大自然水的杰作，离开水还有如此气派的美景吗？有，由红色岩石构成的波涛，不是人工的雕刻，而是大自然的鬼斧神工。

在美国亚利桑那州的佩菊城和犹他州的卡纳布之间的狼丘，地跨亚利桑那州北部和犹他州南部。狼丘以岩石雕塑花园的美誉令人倾慕，又以只见飞沙、不闻流水的荒芜予人震慑。隐藏在狼丘里面的叫做TheWave的大自然砂岩雕塑艺术品，就是石涛谷。中文里Wave是波浪，波涛的意思，确切地表示了这个景观的特点：波涛滚滚。

石涛谷基本上是风积砂岩交错层，经过亿万年的自然塑造，形成世界第一的特殊景观。石涛谷斜坡由于具有壮观的砂岩结构，人们通常称其为"波形岩石"。当石涛谷的图片在网上展现的时候，总会有人认为是经过图像处理过的，因为它看起来太不可思议了。奇怪的波浪形状感觉是经过了精雕细琢，形成一个自然的滑板公园。

石涛谷波涛汹涌、异彩纷呈

从北狼丘的尽头进入石涛谷，大约要在一个景色犹如外星球的荒野里步行一个半小时。隐藏在狼丘深处的石涛谷，波涛汹涌、异彩纷呈、令人震撼。在不到200平方米的山间缝隙中，血红的砂岩如海浪翻腾，刚和柔的奇妙结合，令人叹为观止。石涛的山体造型各异，纵横交错，仿佛在上演一部大型地貌交响曲，置身在石涛中，犹如在红色的大海里冲浪，感觉会相当奇妙。惊叹造物主的伟大，鬼斧神工，不是亲眼所见，无法想象石涛谷的存在。流光溢彩，波澜起伏，五彩缤纷，这就是石涛谷。难以用文字准确描述的奇特地貌。

据说，石涛谷形成的历史可追溯到1.9亿年前的被恐龙统治的侏罗纪年代，当年的沙丘经过漫长岁月的钙化演变成砂岩，其中含量丰富、品种多样的铁矿被氧化后赋予砂岩炫目的红、橙、黄、紫，而流水和风沙的打磨则令它光滑浑圆，如涟漪，似波涛。

而今，隐藏在素有岩石雕塑花园之称的美国亚利桑那州狼丘北部的石涛谷，以异彩纷呈的神奇"石浪"跻身"世界十大地质奇观"之列，也曾经被评为地球上最像外星的地方。

面对大自然的奇迹，人们往往迷惑不解，几千年来不同派别哲学的对垒说明人没有坚定的信仰。这么精美的雕塑是行无踪去无影的沙暴与温柔细腻的流水所为，令人觉得不可思议。也许冥冥中有一只手在精心雕刻吧！也许人永远不能认识无穷的宇宙。

在狼丘，钱不是万能的

自从十余年前被发现以来，石涛谷受到美国土地管理局严密保护，完全保持荒野原状。美国土地管理局将狼丘（包括石涛谷）隶属亚利桑那州和犹他州交界处的红崖国家保护区（又称弗米利恩崖国

狼丘

家保护区），土地管理局为了保护狼丘的自然风貌，严格限制访客人数，因此，要亲身体验石涛谷的神奇石浪，必须首先取得进入美国红崖国家保护区狼丘的特别许可证。在这里钱不是万能的。

知识点

　　申办狼丘的许可证的途径有二：一是登录美国土地管理局的网站，据说该网站每月1号受理4个月后的狼丘许可证申请。每天发证10张，先到先得（先后排序以递交电子表格的时间为准）。二是提前一天到帕瑞亚峡谷管理站参加抽签。帕瑞亚管理处发放的许可证不是每天10张，而是每天不超过6部车、不超过20人。另外，递交申请的每个小组总人数不得超过6人。提交许可证申请表不必交费。在帕瑞亚管理站领取许可证时每证交费10美元，据说通过网络申请的领证时交5美元证件手续费另加邮费。

延伸阅读

　　侏罗纪时期：这是一个地质时代，界于三叠纪和白垩纪之间，约1.996亿年前（误差值为60万年）到1.455亿前（误差值为400万年）。侏罗纪是中生代的第二个纪，开始于三叠纪—侏罗纪灭绝事件。虽然这段时间的岩石标志非常明显和清晰，其开始和结束的准确时间却如同其他古远的地质时代，无法非常精确地被确定。

●波纹象形石 -------------------------------

东西横卧的巨龙

　　龙潭峡享有"中国嶂谷第一峡"、"古海洋天然博物馆"、"峡谷绝品"和"黄河山水画廊"等美名。从平面图上看，龙潭大峡谷像是一条东西横卧的巨龙，而且峡谷内处处以龙的传说为宗，因而，2009年龙潭峡正式更名为"龙潭大峡谷"。

龙潭峡是洛阳黛眉山世界地质公园的核心景区，是一条以典型的红岩嶂谷群地质地貌景观为主的峡谷景区。谷内关峡相望，潭瀑联珠，壁立万仞，峡秀谷幽，经过12亿年的地质沉积和260万年的水流切割旋蚀所形成的高峡瓮谷、山崩地裂奇观，堪称世界一绝，人间少有。

龙潭峡景区的六大自然谜团、七大幽潭瀑布、八大自然奇观令人惊叹不已，流连忘返。红岩绝壁，飞瀑幽潭，狭沟深谷，奇石绿荫，组成世界上罕见的山水画廊。

旷世奇观波纹石

其实，龙潭峡大峡谷就是一条由紫红色石英砂岩经流水追踪下切形成的U形峡谷，全长12千米，谷内嶂谷、隘谷呈串珠状分布，云蒸霞蔚，激流飞溅，红壁绿荫，悬崖绝壁，不同时期的流水切割、旋蚀，磨痕十分清晰，巨型崩塌岩块形成的波痕大绝壁国内外罕见。

这些巨型崩塌岩块大小不一，大者平面达数十平方米，小者仅有几十厘米见方。在这些一平若砥的片石层面上，可以看到上百种不同类型的波痕，是国内罕见的天然波痕博物馆。

石面上的这些波痕，是在地球进化过程中，原生地质沉积物在水或风的作用下，发生物理变异而形成的，其形态包括层理构造、波痕构造、帐篷构造、球状构造等，我们统称其为波纹石。这种波纹石，有的呈羽状或"人"字形，被称为羽状交错层理波纹石；有的呈棋盘格式状，被称为棋盘格式节理波纹石；有的呈人的指纹状，被称为指纹石；有的柱状节理构造呈竹节状，被称为竹节石；有的呈日、月、星辰图案，被称为天象石……

峡谷内还有一块比较特殊的波纹石，共有五层不同形状的纹理结构组成，表明它是经过五个不同时期的沉积而形成的，被称为五代波纹石。其科学价值在于：它体现了地质沉积岩层理构造的演化过程。

类人类物象形石

　　龙潭峡谷中有很多柱状立石，有的是地层岩体崩塌留下的残存物，有的是由白云质灰层岩沿裂隙溶蚀而成的地表剩余物，因其形状类人类物，被称为象形石。有状如人者，如将军石；有状如物者，如镇山虎、降龙棒、双塔石等。龙潭峡谷尾部白云湾有一块直立的巨型片石，高达50米，侧看成刀，正看成碑，稳插地下，直刺云天，大有凌空遏云之势，人称刀碑石，这是一块典型的象形石——由于崩塌时岩块发生位移，原来近于水平的岩层一变而呈直立状态，巍然耸立在峡谷一侧。这块象形石高大雄伟，气势恢弘，一景多变，步移景换，从不同角度仰望，或苍鹰、或飞鸟、或飞鱼、或大刀、或天碑，大自然赋予其无限的美感令人叫绝。

龙潭峡谷

神秘莫辨的天书石

天书石这种片石是由于差异风化所形成的一种景观。在中厚层石英砂岩的层面上常常会有薄层状的泥质砂岩或泥质粉砂岩，它们在崩塌暴露地表后，由于差异风化的作用，一部分风化流失，一部分则残留石面上。这种残留遗迹形成各种不同类型的图案。一些典型图案看似文字，有的清晰可辨，如"一人一石"；多数则无法辨认，人们称其为天书石。

"天然地质博物馆"

2001年底，黄河小浪底水利枢纽工程完成后，在新安北境的黄河主干道上形成了168平方千米的辽阔水面，碧波万顷的万山湖和独具特色的地质公园互为映衬，红石韵，黄河魂，山光水色，两相辉映，构成了万里黄河上一簇具有特殊科学意义和美学价值的璀璨明珠。龙潭大峡谷就是这黛眉山世界地质公园中的典型代表。其以罕见的地质构造，奇特的地形地貌和清丽的生态环境，构成了独具特色的"天然地质博物馆"。

知识点

六大自然谜团：水往高处流、佛光罗汉崖、巨人指纹、石上天书、蝴蝶泉、仙人足迹。

七大幽潭瀑布：五龙潭、龙涎潭、青龙潭、黑龙潭、卧龙潭、阴阳潭、芦苇潭。

八大自然奇观：绝世天碑、石上春秋、阴阳潭瓮谷、五代波纹石、天崩地裂、通灵巷谷、喜鹊迎宾、银链挂天。

延伸阅读

黄河小浪底水利枢纽：其位于河南省洛阳市孟津县小浪底，在洛阳市以北黄河中游最后一段峡谷的出口处，是黄河干流三门峡以下唯一能取得较大库容

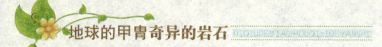
的控制性工程。黄河小浪底水利枢纽工程是黄河干流上的一座集减淤、防洪、防凌、供水灌溉、发电等为一体的大型综合性水利工程，是治理开发黄河的关键性工程，属国家"八五"重点项目。小浪底工程浩大，总工期11年，于2001年底竣工。

●条纹状的波浪岩

瞬间凝固在半空中的怪石

在澳大利亚西部谷物生长区边缘的海登城附近，有一个名叫海登岩的巨大岩层。在它的北端有一个向外伸悬的岩体，称为波浪岩，高出平地15米，长度约100米。波浪岩的命名是因为它的形状很像一排即将被碎的巨大且冻结了的波浪。

这片仿佛滔天巨浪高高掀起并在瞬间凝固在半空中一样的怪石，仔细端详这块石壁，就会发现这些波浪似的条纹，好似一帘瀑布挂前川，就像在庐山观看李白的诗中描写的"飞流直下三千尺，疑是银河落九天"的瀑布；又像来到大海边，看到气势磅礴的大海的波涛。瀑布一般的波浪岩每年都吸引着世界各地的大量游客不远万里前来一睹为快，亲身体验大自然鬼斧神工的魅力。

波浪岩美丽的发展史

波浪岩由花岗岩石构成的，大约形成于25亿年前，那个时候恐龙还没有出现在地球上。经过岁月的洗礼，渗入地下的水将这侧面平直的岩石底面侵蚀掉了。后来，岩石周围的土壤被冲刷掉，风随之而来改变着岩石的外形，风挟沙粒和尘土的吹蚀把较下层的外表挖去，留下成蜷曲状的顶部。波浪岩表面呈凹陷状，并形成了黑、灰、红、咖啡和土黄等深浅不同的条纹，看起来像汹涌而来的海浪。在不同角度的光线照射下，波浪岩会呈现不同的色彩，不过在偏西的阳光照射下色彩更加鲜明，波浪也更加逼真。

感受波浪岩的奥妙

早晨，从澳大利亚内陆微冷的空气中醒来，在沙漠的露水、圆圆的红日和小鸟的啼叫声中迎来清爽的一天。波浪岩一带的鸟类很多，有健谈的鹦鹉，吵闹的喜鹊，永远在抱怨的黑乌鸦和会跳舞的鹟鹩，为内陆增色不少。

漫步在波浪岩，感受这个巨大岩石的力量，倾听风吹的声音，在不经意间就能发现各种内陆植物，历史悠久的澳大利亚木麻黄，黏人的捕蝇草，大理石色的蜥蜴在岩石和草丛间快速穿梭，寻找最近的缝隙和庇护。在特定的季节里，波浪岩周围会开满各种野花，大概有20多种，开出无边无际的灿烂。

波浪岩的周边景致

波浪岩是世界第八大奇观，但这大岩石并非一个独立的岩石，而是连接北边100米的海登石及状似河马张口的河马岩、驼峰岩等串连而成的风化岩石。

河马岩是一座空心岩，外形像河马的嘴。向北几千米处还有一组奇形的岩石，是驼峰岩。造访这里的蝙蝠山洞，还可以欣赏到澳洲原住民的古代壁画遗迹。其中有许多似鸟似兽的生物，它们代表了澳大利亚原住民传说里的人物和守护神。在这里，人们还可以品尝原住民们用粗麦制成的麦饼和当地的野山花泡制的奶茶。此处充满着造物者的神奇，吸引

澳洲原住民

着无数游客慕名前来一探大自然的奇妙变化。

知识点

　　波浪岩一直被埋没在西澳大利亚中部的沙漠里，直到1963年，一位名为JoyHodges的摄影师在一次旅行中，拍摄了波浪岩的画面，在美国纽约的国际摄影比赛中获奖，之后照片又成为《美国国家地理杂志》的封面，一时之间声名大噪，之后波浪岩成为摄影师争先恐后取景的地点。

延伸阅读

　　鹪鹩是一类小型、短胖、十分活跃的鸟。鹪鹩颜色为褐色或灰色，翅膀和尾巴有黑色条块。它们的翅膀短而圆，尾巴短而翘。大部分身长为4～6英寸（10～15厘米）。它们主要以昆虫和蜘蛛为生。在现在已知的350种物种和亚物种当中，有320种是新大陆的原生物种，主要是在热带地区。

鹪　鹩

●白色沙漠的蘑菇岩

沙漠中的蘑菇石

通常蘑菇岩石出现于沙漠地区，它们是数千年前孤立的岩石底部风化程度高于顶部时形成的。

在风沙强劲的地方，如果出露地表的岩石水平节理、层理很发育，易被风蚀成奇特的外形，特别是一块孤立突起的岩石如果下部岩性较软，经长期差别侵蚀，可能会形成顶部大于下部的蘑菇外形，称为风蚀蘑菇。风蚀蘑菇首先是由风蚀柱变成的。风蚀柱主要发育在垂直节理发育的基岩地区，经过长期的风蚀，形成孤立的柱状岩石，故称风蚀柱。它可单独耸立，或者成群分布。由于接近地表部分的气流中含沙量较多，磨蚀强烈。如再加上基岩岩性的差异，风蚀柱常被蚀成顶部大，基部小，形似蘑菇的岩石。

埃及白沙漠中的蘑菇岩石是世界上最著名的蘑菇岩石之一，也被称为"岩石基座"，这一岩石出现了严重的侵蚀和风化。

"蘑菇沙漠"白垩岩

所谓白沙漠，埃及人又称它为"蘑菇沙漠"，是雪花石经过强风烈日亿万年的剥蚀，形成奇形怪状的岩石，它们酷似朵朵巨型蘑菇，又像是各式各样的动物造型。

到埃及法拉法拉绿洲，绝对不能错过的一大景观就是"白色沙漠"。沙漠位于法拉法拉绿洲以北45千米处，这里的沙子呈奶油一样的雪白色，和周围的黄色沙漠形成鲜明对比。越过这片白色沙漠就是纵深几千千米，举世闻名的非洲北部撒哈拉大沙漠。白色沙漠到处都是石灰石，长期分化后，沙漠表面几乎都是类似被压得粉碎的粉笔模样的沙砾。

高耸的白垩岩层屹立在埃及白沙漠中，仿佛一片巨大的蘑菇群，是由数千年沙暴"雕刻"而成。这个充满怪异的所在成为吸引全世界游客的一张王牌。

　　进入埃及白色沙漠，必须做好充分准备，如租用骆驼，带足干粮和淡水，而且要当地富有经验的向导陪伴。因为大沙漠中气候多变，白天和晚上温差极大，深夜气温常常降到零摄氏度，如野外留宿，必须用事先准备的干柴点火取暖，沙漠表面会出现露水，甚至霜冻，人在这个时候，不是被冻死就是被冻病。而且经常会发生沙漠风暴，沙丘移动，没有经验的人容易被沙丘活埋。

🔖 知识点

　　风蚀蘑菇一般多是在基岩地区发育的风蚀城堡等地貌的一种附生形态。它容易分布在雅丹地貌中。雅丹地貌是风蚀地貌，是指风力吹蚀、磨蚀地表物质所形成的地表形，主要是风蚀雨蚀而成，地表由于千万年的风吹日晒，使地表平坦的砂岩层形成风蚀壁龛、风蚀蘑

菇、风蚀柱、风蚀垄槽和风蚀洼地、残丘、城堡等各种地貌形态，雅丹地貌以罗布泊附近雅丹地区的风蚀地貌最为典型而得名。雅丹地貌或者风蚀蘑菇在一般人眼里非常奇特，但是在地质学家眼里就很平常——它们不过是亿万年地质演化的结果。

📚 延伸阅读

　　白垩岩：又名白土粉、白土子、白埴土、白善、白、"白"，是一种非晶质石灰岩，泥质石灰岩未固结前的样态，呈白色，主要成分为碳酸钙，多为红

藻类化石所化成。在地质时间表中的"白垩纪"，正是因为英国著名的白垩系地层构造为此年代的代表而得名。

●庞然大物魔鬼塔————————————————————

一枝独秀魔鬼塔

"魔鬼塔"是印第安原住民历来朝拜的圣地。以前被他们称为"熊窝"，"大灰角"等名字。1875年时被白人少校Dodge的翻译误译为"恶神之塔"（Bad，God.s，Tower），之后慢慢演变成为"魔鬼塔"的名称。由于魔鬼岩从一片平地中拔起，气势相当惊人，也因此被电影描绘成外星人的基地。

魔鬼塔是个庞然大物，是方圆数十里范围内的最高点，在晴朗的天气里，人们能从160千米以外看到它。魔鬼塔虽然高出贝尔富会河369米，但从基座算起，塔高为264米，塔基直径305米，自下而上逐渐收缩，顶端直径84米。

魔鬼塔基座四周，漫山遍野都是虬松、苍松、杜松、马尾松、山文树、红醋果、野浆果树、白杨等林木。这里满目葱绿、周身浓荫，野花开于道旁，青草铺于足下，松鼠蹿跃，鸟雀飞鸣．富饶野趣。岩柱就从青山叠翠之中拔地而起，像一顶淡黄色的窄檐高筒呢帽，覆盖在巨幅绿色绒毯之上。魔鬼塔的周围有一条环塔步道，一圈走下来大约45分钟，可以360度观看魔鬼塔及周遭的景色，感受魔鬼塔傲视大地的气魄。

高难度的攀岩场所

这座耸立在一片美国黄松林及草原中的巨石在白人来到之前，已是美国多支原住民部族崇拜的神圣之石。魔鬼塔在一片草原中有如擎天一柱，气势动人。

魔鬼塔上有数百道平行的裂缝，把整座岩石分割成六角形柱，是北美地

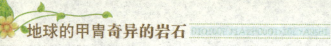

区最佳的裂隙攀岩处所之一，其中最长的持续裂缝长达122米，宽度也相当可观，根据攀登技术困难度的评等，魔鬼塔算是高难度的攀岩场所。

1939年至今，共有5万多人申请攀登魔鬼塔，其中仅不到100人成功，且有不幸坠落死亡的事件。尽管逾5万名攀登者中，死亡的数字并不高，但仅不足百人成功登顶，攀登魔鬼塔的难度可见一斑。

"魔鬼塔"神话传说

关于"魔鬼塔"有两个神话传说，印第安神话讲述的是巨熊追赶7个女孩儿的故事，7个女孩儿在这儿有很多熊的地点玩耍时，被巨熊设定为猎捕的目标，女孩儿们拼命逃跑，爬到一块岩石上，向神祈祷，神为救女孩儿，命令石头直蹿天空，直到熊抓不到女孩儿们为止。而巨熊试图用爪子爬上魔鬼塔的塔顶，于是在地上奋力抓着，把岩石刮出一道道爪痕，最后筋疲力尽而死。而女孩儿们在岩石顶上，后来成为星星，也就是著名的北斗七星。

另一个神话叙说了"魔鬼塔"名字的由来：传说一个恶魔在塔顶擂鼓，震天轰响，吓坏了所有听到声响的人。

魔鬼塔的过去与未来

魔鬼塔大约形成于5000万年前，当时怀俄明州还位于海平面下，沉积了诸如砂岩、石灰岩、页岩和石膏等沉积岩层。同时，来自地壳深处的压力迫使大理岩浆侵入沉积岩，岩浆便开始冷却结晶。与此同时，它收缩、断裂，形成多边形柱体。人们可以在干涸的溪流和池塘里看见同样的现象，水从那里的地表蒸发，形成周边略向上翘的多边形泥质的浅碟凹地。

岩浆侵入所形成的火成岩比周围的沉积岩要硬得多。经过数百万年，当海底隆起形成坚硬的陆地，侵蚀作用就开始蚕食沉积岩，留下巨块火成岩。

然而即使是坚硬的火成岩，也难免受到侵蚀。于是，水就渗进柱体之间的空隙，随着温度的变化而膨胀、收缩，迫使一些柱体从岩石主体上崩落下来。碎裂的柱体散布于塔基周围，形成岩屑斜坡。随着风化作用的继续进行，魔鬼塔迟早要彻底坍塌，但也可能再维持几百万年而不倒。

知识点

1906年，当罗斯福总统穿过这个西部乡村的平原丘陵，远远看到这座高耸入云的巨柱时，当即宣布这个被称为"魔鬼塔"巨柱的地方，为美国第一处国家纪念区，建立美国第一个国家公园。整个公园总占地面积约1347英亩。其中最古老的岩石是在6500万年前由火山灰形成。

延伸阅读

福鼎市白琳镇大嶂山玄武岩的地质景观与美国怀俄明州的"魔鬼塔"相似，有中国的"魔鬼塔"之誉。对形同美国怀俄明州"魔鬼塔"、矗立在山巅的大面积巨型条状玄武岩石，当地政府禁止挖掘玄武岩，留下为日后规划建设玄武岩地质公园景观，使之成为今后太姥山地质公园十大自然景区之一。

太姥山

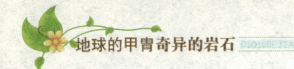
功能特异神奇岩石

世界之大无奇不有，小小的石头也大有神威。这些奇岩怪石的精妙之处，不单单体现外在的特征，还有一些神奇的功能和神秘的现象伴随。比如有些石头能报时，有些会发出笑声，更有些能"治病杀人"。有的石头能变色、升空、走动、吐水、开花，还有的石头可以治病、出声、长白发，等。这些石头竟然会出现各种难以理解的怪事，更是给本来外观奇妙的石头增加一些神秘的色彩。或许人们并不相信，但是世界上的巧合就是这样让人难以理解。

许多地质学者与一些神奇石头进行了多次调查和研究，却总不能找到科学的解释方法，不禁让人感叹世间的离奇巧合。当然，在感叹之余，我们还是希望科学进步，以便有一朝一日能解释这些神奇的现象。

● "天下第一奇石"风动石 ----------------------

"天下第一奇石"

风动石，又名兔石，东山风动石以奇、险、悬而居全国六十多块风动石之最，被誉为"天下第一奇石"。现在它已经是东山岛的标志性景观。另有缅甸名胜风动石。

坐落在东山古城东门海滨石崖上的东山风动石，一直是岛上人民最引以为荣、视如珍宝的自然奇观，是旅游者最喜爱的美景之一。

人们常说，到了闽南，不到东山，是一件憾事；而到了东山，不到风动石，则更是一大憾事。的确如此。这风动巨石耸立在陡崖上，高4.37米，宽44.47米，长4.46米，重约200吨，上尖底圆，状似仙桃，巍然"搁"在一块卧

地凸起且向海倾斜的磐石上，两石的接触面仅为10余平方厘米。

狂风吹来时，巨石轻轻摇晃不定，人若仰卧盘石上，跷起双足蹬推，巨石也摇晃起来，但又不会倒下。人们站在风动石下面，有一种惊险的感觉，叹为天下奇观，故名"风动石"，诗曰："风吹一石万钧动。"

人们说：这是造山运动的杰作，之所以摇而不倒，是因为重心低和相贴面小的缘故。但是，石大底小，摇摇晃晃，重心偏低而又不断转移，何低之有？况且接触面小，更容易放置不稳。当然，200吨的巨石，终非人力所为，大自然在茫茫大海之上，制造了这样一个灵动的奇迹，是不是在表示一种永恒的召唤呢？

风动石的"奇、险、大"

东山风动石因其"奇、险、大"的特点而被载入《中国地理之最》，誉为"天下第一奇石"。观赏风动石的各个侧面，能给人不同的感受，侧面可观其"奇"，背面可观其"险"，正面可观其"伟"。

从侧面看，风动石就像一只玉兔，蹲伏在磐石之上，呈三角形，上小下大，底部是圆弧形，整块石头稍稍向海的方向倾斜，圆弧的底部与下面岩石的接触面只有10多平方厘米，几乎是悬空斜立，半座半垂，不经意间还真会找不到上、下两块岩石间的接触面。

要领略风动石的"险"，须到它的背面去看。顺着古城来到风动石西侧，仰首观之，一块状如玉兔的巨岩，伏在外倾的磐石上，那着地处不过一尺见方。巨大的球石，悬空而立，摇摇欲坠，好像整块石头随时都有可能滑下来，砸到地面上，观之令人心寒胆战。假如此时有人正在推蹬，巨石晃动起来，上下摇摆不定，巨石下压更多，就宛如泰山压顶一般，则更是让人一刻也不敢多留，赶紧返身逃之夭夭。风动石奇观，历代文人吟唱甚多："鬼斧何年巧弄丸，凿得拳石寄层峦。翩翩阵阵随风漾，辗转轻轻信手抟。潮撼孤根危欲坠，雨余苍藓秀可支。五丁有意留奇迹，特为天南表大观。""文昌祠边大石球，神仙蹴戏灵山头。万夫欲举移不动，天风撼之动不休"

风动石正面的右前方立着一块石碑，上面题刻着明水师提督程朝京咏风动石诗："造化原来只一丸，东封函谷万层峦。天风吹向闽中坠，海飙还能逐势抟。五丁欲举难为力，一卒微排不饱餐。鬼神呵护谁能测，动静机宜在此观。"这首诗就将风动石的奥妙讲述得淋漓尽致了：五个大力士想推都推不动它，而一个饿着肚子的小兵轻轻地就能将它推动。为什么？这就是"在势不在力"的问题。想要推动风动石，不是靠着人多势众就行了，而是要找准角度，选好着力点。要背向西南方向，由此向东北方向推之即可。当然，不能一个劲地猛推，而是要有节奏的，一推一放，一紧一松，方会成功。

东山风动石的传说

风动石还有一段美丽的传说，明朝嘉靖年间，海上倭寇侵扰东山岛，企图抢走这奇异的风动石，用了数艘兵舰，套上绳索，拼命拉它，可是倭寇费尽了力气，只听到"嘣"了几声，绳索全断了，倭寇纷纷掉落海里，十分狼狈，风动石却依然屹立在原地。

1918年2月13日，东山岛发生了一次7.5级的地震，山崩地裂，屋毁人亡，风动石却安然无恙。日寇侵华时，曾用钢绳套住巨石，开动军舰，企图把它拉倒，然而也是枉费心机，正如明朝诗人程朝京咏叹的："万夫欲举移不动，天风撼之动不休。"

东山岛

东山风动石的文化气息

关于风动石，历代

名人吟唱甚多，如明代文三俊诗曰："是石是星丽太空，非风摇石石摇风。云根直缔槐枓上，月馆堪梯小八鸿。"是故，游人一见此石，总叹为观止，心领神会其美之时，留一影以为快。风动石与周围景色交相辉映形成。

风动石上有明永历戊子（1648年）秋巡抚路振飞题刻的"铜山三忠臣：黄道周、陈瑸、陈士奇"。在风动石左侧下岩壁上，刻着明代霞山居士题写的"东壁星辉"四个大字，字体饱满圆润，端方浑厚。相传，风动石是天上的文曲星下凡，与其日月相伴，必能沾其灵气，高中魁首。于是古时在风动石边建有东山三大书院之一的"东壁书院"，又称"魁星楼"，意欲与风动石交相辉映，得其灵气，培育文人墨客，造就贤达能人。

风动石周边可谓是地杰人灵，明嘉靖二十二年（1543年），戚继光在此全歼倭寇；崇祯六年（1633年），巡按路振飞大帅徐一鸣在铜山海面两次击败荷兰帝国东印舰队；隆武二年（1646年），郑成功以此为抗清根据地之一，训练水师，收复台湾；清康熙二十二年（1683年），福建水师提督施琅从铜山港和宫前港起航东征，统一台湾。

风动石正面还题刻着词句"风景这边独好"六个大字。果不其然。风动石依山临海，气势雄伟，神奇无比，本身就是一道绝佳的风景。而站在风动石前边远眺：铜山古城如长龙般，雄踞海滨，蜿蜒于绿树丛中；古城外碧波荡漾，大海无际无垠；绿岛星点，宛如天女散落之仙花；海面上汽笛声声，舟楫往来。

知识点

风动石附近的铜山古城始建于明洪武二十年（1387年），东、南、北三面临海，西面直达九仙顶，因依傍铜钵、东山两个村庄，故各取一字名之。城墙为花岗石砌成，长1903米，高7米，城堞有864个垛口，东西南北各有城门，西南两处建有城楼，为环山临海的水寨。

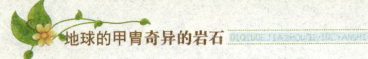

延伸阅读

　　风动石是缅甸著名旅游景点，地处缅甸孟邦境内，距仰光市区约200英里，开车需4～5小时。风动石是悬崖边上的一块巨石，与地面接触面积很小，风吹过时甚至随风摇动，却不会坠落，故而被缅甸人奉为神石，并将其贴成金色，前往朝拜的缅甸人和佛教徒常年络绎不绝。据民间传说，一年内去朝拜三次就会带来财运。

● "杀人" 于无形的杀人石 --------------------

探险耶名山

　　有一块神秘的石头，被人挖掘出来后，只要靠近它的人都会死去，这是一块什么石头呢？自然界存在很多神秘的力量都可以置人于死地，一块巨石既不是人为地去杀人，也不是突然滚动误伤人命，而是在无形中就"杀害"了接近它的人。

　　在非洲马里境内的耶名山上有一片茂密的森林，林中有各种巨蟒、鳄鱼、狮子等。然而，在耶名山的东麓，却极少有飞禽走兽的踪迹。1967年耶名山发生了强烈地震，震后向耶名山东麓远远望去，总有一种飘忽不定的光晕，尤其是雷雨天，更是绮丽多姿。据当地人说，这里藏着历代酋长的无数珍宝，从黄金铸成的神像到用各种宝石雕琢的骷髅，应有尽有。神秘的光晕就是震后从地缝中透出来的珠光宝气。这个说法究竟是真是假，谁也不能证实。政府为澄清事实，便派了探险队员去耶名山东麓探索。

莫名其妙死去的人

　　探险队员来到这里以后，便是雷雨交加。在电闪雷鸣中，探险队员清晰地看到不远处那片山野的上空冉冉升起一片光晕，光亮炫目。光晕由红色变为金黄色，最后变成碧蓝色。暴雨穿过光晕，更使它缤纷夺目。雨停以后，他们继续前进。探险队在那片山野上发现了许多死人，根据观察，这些人已经死去很长时间了，身躯扭曲着，表情十分痛苦。但奇怪的是，在这么炎热的地方，竟没有一具尸体腐烂。探险队猜测这些人可能是不听劝告偷偷进山寻珍宝的。可是他们为什么会莫名其妙地死去呢？为什么尸体没有腐烂呢？

杀人的椭圆形巨石

探险队员四处搜寻线索，一名队员突然发现从一条地缝里发出一道五彩光芒，色彩不断变幻着。难道是历代酋长留下的珍宝？经过一个多小时的挖掘，探险队终于从泥土中清理出一块重约5000千克的椭圆形巨石。半透明的巨石上半部透着蓝色，下半部泛着金黄色，通体呈嫣红色。探险队员们把巨石挪到土坑边上，准备看看它是什么。这时，队员们突然纷纷开始抽搐，视线模糊，后来又都相继栽倒。只有一名队员头脑还保持着清醒，他走到半路时，也一头栽了下去，但被人送进医院。医生检查发现，这名队员受到了强烈的放射线的照射。

后来有关部门立即派出救援队赶赴山上抢救其他探险队员，但无一生还。而那块使许多人丧命的"杀人石"，却从陡坡上滚入了无底深渊。人们也因此丢失了破解石头杀人之谜最重要的证据。

"杀人石"杀人之谜

有人说"杀人石"是一个巨大的放射源，只要接近它的人都会被辐射而死。也有人说那是历代酋长为了保护他们的宝藏而寻找出来的"保护石"，一旦有人动了这些宝藏的念头，就会受到"保护石"的惩罚。更有人认为这块石头是来自太空的陨石，所以才能发出置人死地的放射线。当然，也有人

杀人石

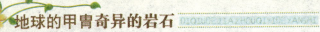

不相信这块石头的存在，认为这可能是探险队员编造的，最后以滚到深渊无法找到来欺骗人们。种种说法都无法找到答案。于是，有人提出，现在科学技术那么发达，人类完全可以找到这块"杀人石"。只有找到了，才能解开"杀人石"的秘密。

知识点

放射线，一种不稳定元素，衰变时，从原子核中放射出来的有穿透性的粒子束，分甲种射线、乙种射线、丙种射线，其中丙种射线贯穿力最强。另外，放射线对环境和人体有一定的危害。

延伸阅读

酋长，一个部落的首领。酋长制度在撒哈拉沙漠以南的非洲广大地区比较普遍，尤其盛行在广大偏远、落后的地区。据考察，酋长制度最初是从原始的氏族制度发展演变而来的。非洲在从奴隶社会向封建社会逐渐过渡时，大大小小的酋长土邦和酋长制度便慢慢在氏族制度的基础上而形成。

●变换颜色的艾尔斯巨石 ----------------------------

人类地球上的肚脐

澳大利亚艾尔斯巨石，又名乌卢鲁巨石，位于澳大利亚中北部的艾尔斯—斯普林斯西南方向约340千米处。艾尔斯岩高348米，长8000米，基围周长约8.5千米，东高宽而西低狭，是世界最大的整体岩石。

艾尔斯巨石底面呈椭圆形，形状有些像两端略圆的长面包。岩石成分为砾石，含铁量高，其表面因被氧化，整体呈现出红色，因此又被称做"红石"。艾尔斯巨石它气势雄峻，犹如一座超越时空的自然纪念碑，突兀茫茫荒原之上，在耀眼的阳光下散发出迷人的光辉。

1873年一位名叫威廉·克里斯蒂·高斯的测量员横跨这片荒漠，当他又饥又渴之际发现眼前这块巨大的石山，还以为是一种幻觉，难以置信。高斯来自南澳大利亚，故以当时南澳州总理亨利·艾尔斯的名字命名这座石山。艾尔斯巨石俗称"人类地球上的肚脐"，号称"世界七大奇景"之一，距今已有4亿~6亿年历史。如今这里已辟为国家公园，每年有数十万人从世界各地纷纷慕名前来观赏巨石风采。

当地土著人，把艾尔斯巨石视为神物。在巨石洞穴的岩壁上，还留有许多数千年前土著人绘制的壁画。为此，联合国科教文组织将艾尔斯巨石确定为世界自然和文化保护遗产。

艾尔斯巨石更衣"报时"

艾尔斯巨石是孤立的巨大风化岩之一。可能是世界上最大的独体岩。这块独体岩由长石砂岩构成，更神奇的是，黎明前，怪石穿着一件巨大的黑色睡袍，安详地躺在那广袤无垠的大地之中，一副蒙眬惺忪的模样。日出时，怪石穿上了浅红色的外衣，一副少女出水芙蓉般的娇媚；到了正午，怪石则穿上了橙色夏装，一副朝气蓬勃、火辣辣的强悍；傍晚夕阳西下，怪石则又穿上了深红或酱紫色的秋装，一副千锤百炼、如火燎原的成熟；夜幕降临前，怪石则又穿上了黄褐色的晚礼服，一副高贵显赫的端庄；夜幕降临后，怪石则脱掉了所有的时装，与大地融合在了一起，一副休闲懒散的模样。

怪石除了随太阳光强度不同而改变外衣颜色外，还特别"爱美"，它还会随着太阳光照射角度的变化而变幻"造型"：时而像一条巨大的、悠然漫游于大海之中的鲨鱼的背鳍；时而像一艘半浮在海面上乌黑发亮的潜艇；时而像一位穿着青衣、斜卧在洁白软床上的巨人……这使得从不同时间、不同角度拍摄的艾尔斯巨石的照片，显示出千变万化的姿容。

怪石反映天气变化

怪石不仅会"报时"，还可以反映天气变化。风雨前后，怪石则又披上了银灰或近于黑色的大衣，一副深沉、宁静、刚毅木讷的厚重。万一遇到狂风大作、雷电交加、山雨欲来风满楼时，那就毫无办法攀登怪石和观赏她那变幻多端的色彩了，取而代之的则是另一番壮观景色——我们可以尽情地观赏壮观瀑布中的怪石。风雨中，怪石则又换上了硕大的黑色蓑衣，迎接着暴风雨的考验，大雨过后，无数条瀑布从蓑衣上急淌直下，一派千条江河归大海的壮观景象。偶尔风雨过后，彩虹高悬天边，又好似给怪石镶嵌上了一条巨型的五彩发带。总之，很难用语言把怪石变幻多端的色彩描绘得淋漓尽致、惟妙惟肖。

怪石为何会变换颜色呢

关于艾尔斯石变色的缘由众说纷纭，而地质学家认为，这与它的成分有关。艾尔斯石实际上是岩性坚硬、结构致密的石英砂岩，岩石表面的氧化物在一天阳光的不同角度照射下，就会不断地改变颜色。因此，艾尔斯石被称

五彩独石山

为"五彩独石山"而平添了无限的神奇。为了解释怪石变色的现象，许多考古学家和地质学家对怪石所处的气候条件、地理环境进行了详细考察，并对怪石的结构成分等进行了深入研究。一些科学家试图这样解释怪石产生的"怪现象"：怪石之所以会变色是由于怪石处在平坦的沙漠，天空终日晴朗无云，空气稀薄，而怪石的表面比较光滑，表面类似于镜子，能较强反射太阳光，因而能把清晨到傍晚天空中颜色的变化都呈现在其表面。

怪石变幻其"造型"则是由于太阳光在不同的气候条件下活动而产生反射、折射的数量及角度的不同，从而使射入到人眼里的光线产生一种幻形，也就产生了不同造型的怪石。

怪石是自然界最让人迷惑和印象最深刻的自然现象之一，其背后的确切形成原因还是个谜，解开怪石变色之谜，这里肯定有很多东西可探究。

延伸阅读

巨石文化：艾尔斯石附近的原住民是在此生活了超过数万年并创造了灿烂文化的阿南古人，他们认为祖先们缔造了大地与山河。因此，阿南古族人就是维护这块神圣土地的后继者，并由于艾尔斯石恰好位于澳大利亚的中心，当地土著人便认定这块巨石是澳大利亚的灵魂，艾尔斯石上许多奇特的洞穴里，留存有土著人留下的古老绘画和岩雕，线条分明，圈点众多，描绘着"梦幻时代"的传奇故事和神话传说。一直以来，艾尔斯石是西部沙漠地区土著人宗教、文化、土地和经济关系的焦点，是他们心中的"圣石"，许多部落的土著人都在这里举行成年仪式和祭祀活动等。

●移形换影的死谷走石

神奇的死谷

石头会走路，不是风吹使力而然，也不是人力推动的，而是自己行走的。真有这样的石头吗？据说美国加利福尼亚州东部内华达山脉东麓沙漠地区的死谷之中就有这样的石头。

死谷构造上属断层地沟，西北-东南走向，长225千米，宽6～26千米。低于海平面的面积达1408平方千米。最低点海拔-85米，是西半球陆地最低点。谷地夏季气候炎热，平均气温52℃，绝对最高气温曾达56.7℃。年降水量不足100毫米。东西两壁断层崖，分别构成阿马戈萨和帕纳明特山脉。登上帕纳明特山脉中的特利斯科普山，可俯瞰死谷全貌。

第四纪冰期后，谷底曾有一个很大的湖泊，后因气候干旱，逐渐干涸而成沙漠。死谷的地质发展极端复杂并涉及多个时期不同形态的断层活动，还有地壳沉降和一些火山活动。死谷基本上是一个地堑，或是裂谷，因东西两侧平行上升的掀斜地块山脉之间的大片岩石沉降而形成。

死谷中会走动的石头

人们发现这里也有许多石头会"走路"，并留下许多足迹，为此引起了许多人的注目和好奇。在过去的一段时间里，由17名科学家和大学生组成的探险队在美国宇航局研究人员的领导下，向着这个由盐和沙子组成的死亡之谷进军。散乱在这荒漠平原上的石头就是极为普通的白云石并无什么特别之处，是从周边的山上剥落下来的。

死谷炎热、干旱、荒芜，在荒漠上探险是很艰难的，像剃刀刃一样的小石片很容易就将轮胎划爆。无情的烈日能烧焦这块只有4.5千米长，2.2千米宽的石头赛道上的任何生命体。

在石头赛道中，10年来一直困惑着科学家们的石头在沙滩上自由运行所留下的痕迹。这种神秘让人感觉是在另一星球上一般，这是美宇航局的科学家布瑞安·杰克逊惊讶的感受。月余的时间这个团块就运行了数百米长的距离——没人可以解释这些石头为什么可以自行移动。

在暴雨的浇注之后，水都集聚在近乎平面的石头赛道之上。但是单凭这一点还是无法解释石头运动的行为。美国科学家夏普对这一奇特现象进行了观察研究。他把25块石头按顺序排列并逐个准确标出位置，定期进行测量，果然发现这些石头几乎全部改变了原先的位置。有几块石头竟然爬了几段山坡，"行走"了长达64米的路程。

其中有些石头结伴而行，它们在转弯处的曲线几乎是平行的。大多数岩石是走上坡路，其余则是下坡。还有一些石头在赛道上不翼而飞。

为什么石头会"飞"

为什么有些石头会平行运行，像是这些石块相互有所联系一般？以及为什么会有另一些相向而行，这风向莫不是并非从同一个方向而来？还有一些甚至留下的是近乎圆形的赛道，像是进入了漩涡风？

通常石头的形状并不影响其运动，无论是其大小还是重量或者地理特点都不对其造成影响，它们是这样的随心所欲，任意漂流。

早在1948年科学家们就开始了对这个谜的研究，试图找到解决的办法。科学家们了解到这些随意流动的大块儿，并为其等取名为"卡恩"。这是一块重有320千克的类片状岩石，在一个月里只运行了18米；"黛安"则要快得多，在相同的时间里运行了880米之遥。

其他会移动的石头

其实会移动的石头，不只死谷中有，在前苏联普列谢耶湖东边，就有一块这样的奇石，它重达数吨，但近300年来已经无数次变换过位置了。人们曾将它移到一个大坑中，却不知何故，数十年后，怪石移到了大坑边上。如今，它还在继续移动，据说，它已经向南移动了数千米。

17世纪初，人们在阿列克赛山脚下发现了这块会"走路"的巨石，后来人们把它移入附近一个挖好的大坑中。数十年后，蓝色怪石不知何故却移到了大坑边上。1785年冬天，人们决定用这块石头建造一座新钟楼，同时也为的是"镇住"它。可当人们在冰面上移动它时，不小心让它坠落湖底。而到了1840年，这块巨大蓝石竟躺在普列谢耶湖岸边了。如今它又向南移动了数千米。科学家们对这一奇特现象进行了长期的分析研究，但始终未能明白蓝色巨石同重力场之间究竟存在着怎样的联系。

知识点

有一项关于岩石移动的理论说道，风把积压在沙子表面下的水推上来后，形成了岩石能在上滚动的现象。死亡谷低于海平面282英尺（约86米），是美国的最低点。这里几乎完全平坦，在这里科学家曾经记录到地球表面第二最高温度记录，58℃。20世纪90年代，来自马萨诸塞州（Massachusetts）汉普郡学院（HampshireCollege）约翰·雷德（JoneReid）曾带领一组人尝试着去解释岩石移动现象。他们得出的结论是岩石嵌入了夜晚在沙土表面形成的冰层，随着泥土的溶解，岩石随着冰与风滚动，从而滑行起来。

延伸阅读

第四纪大冰期的全球性冰川活动约从距今200万年前开始直到现在，是地质史上距今最近的一次大冰期。在这次大冰期中，气候变动很大，冰川有多次进退，分别被称为冰期和间冰期。第四纪大冰期比以前的冰期持续时间要短，现在的气候也比历史上很多时期要寒冷，因此第四纪大冰期并未结束。

●吐出水的牛心石

会流出水的"牛心石"

人们在棋盘山的神秘谷中发现了一块会流水的石头，这块石头从外表看，通体红润亮泽、晶莹剔透，呈心脏的形状。石头的中间有一条非常明显的分界线，把石头分成左右两半，就好似心脏的左右心房。也正是由于它的外表酷似心脏，因此人们给这块不知名的石头起名"牛心石"。

也许这块石头除了形状色彩并没有什么特殊的地方，但是将它放进原始部落文化展示厅后，这块石头竟然开始流水了，这是什么原因呢？难道与牛肝马肺峡的"金盆照月石"一样？

石头神奇地流出水来

棋盘山神秘谷风景区坐落在大山的深处，这里有绿树、蝉鸣、飞鸟、木屋，远离城市的喧嚣，充满了宁静。放置石头的地方是神秘谷中的原始部落文化展示厅，这里摆放着许多象征原始文明的物品。

原本牛心石出水，人们以为是游客观赏时，不小心溅上的水渍。但是几天过去，石头周围依然有水不断出现。于是人们又对四周地表进行了检查，发现，除了这块石头周围，其他地方都没有发现积水。也就是说，这些水只能是从石头里面流出来的。

牛心石

据牛心石的发现者介绍，石头是在修建山庄挖地基时在地下无意间发现的，当时只觉得这石头有颜色，很漂亮，所以就搬回家收藏，以前并没有发现过它会流水。所以石头放置在收藏架上默默地呈现它漂亮的光泽。而这块石头自从放到神秘谷中的原始部落文化展示厅里之后，就被发现有水流出了。偶然的放置竟然使石头神奇地流出水来，为什么石头放到这里后就开始流水了呢？是崭新的环境激发了石头原有的特异品质？还是目前的这个地方有什么特别之处？

高温不是出水的原因

神秘谷风景区的设计不同于普通的山庄，它的整体方案是由传说中人类的远古祖先伏羲氏的图腾崇拜——牛头蛇身而来，将神秘谷的山门设计成一个巨大的牛头，通往山庄的路则设计成蛇身的形状崎岖蜿蜒，而原始文化部落展示厅就位于象征着蛇身的心脏部位。

这个山庄坐落在沈阳市棋盘山的余脉上，这里有许多连绵的小山，山庄就建在其中两座小山形成的山谷中。这里植被茂密，气候湿润，常常出现下雨下雾的天气。只要在夏天，温度高的时候，就会看到石头有水流出。而这块石头摸起来却非常凉。为了弄明白石头流水的原理，人们把石头搬到室外，在阳光下进行照射。30分钟后，没有水流出；一个小时后，还是滴水未见。又对石头进行人工加热——用电暖风对其进行烘烤。一个小时后，依然不见石头出水。如此看来，高温条件，并不是石头出水的真正原因。离开了这个特殊的位置，石头就不会出水，这让人更加费解。

石头缝含水猜想不成立

难道是石头缝隙中含有水分？那么，哪种岩石的缝隙中会有水？大兴安岭有一种玄武岩，可以在水上漂起来，能吸收很多的水分。但这块石头非常重，说明它的密度很大，不具备玄武岩的结构。

阜新地区有一种玛瑙，有很多孔隙，在晃动的时候能感觉到有水声，看的时候有水在晃动，这就叫水胆。然而这块牛心石就是棋盘山在遥远的火山爆发的年代，由大自然烧制的一块水胆玛瑙吗？

这种水往往也是出不来的，除非打一个洞给它切漏了。而这块牛心石的底部有一个很明显的深洞，说明它确实被人为地雕琢过。而如果一块水胆把空洞打破以后，水流一段时间也就没了。眼前的这块石头，自从把它放到这里，就开始反复地流水。这就意味着这块石头并不是一块稀有的水胆玛瑙。

石头流出的水绝不会是岩石缝隙中的水。

石头原来是块盐

可是随着天气的转凉，石头出水的次数越来越少，有时连续几天都滴水未见。这时，在石头的下面出现了明显的白色晶体。这些白色晶体是什么物质？它们又是从何而来呢？

专家通过检验发现，这块牛心石中应该含有大量的易潮解的矿物质即氯化钠和氯化钾。用X射线衍射仪查验这块牛心石的身份，显示结果为氯化钠。

真相大白了，这块石头的成分就是氯化钠。它所流出的水，就是潮解后流出的盐水，而它看上去之所以没有棱角，而是亮泽红润，就在于它与空气接触时发生了潮解，有棱角的都已磨平。它的红润则是其中含有三氧化二铁等杂质造成的假象。

知识点

长江三峡绝景之一的牛肝马肺峡，两岸千切绝壁，隔岸相恃，大有束长江为一线之势，是三峡江面最窄之处。北岸如斧砍刀削的崖壁上，东边突出垂挂着一赌黄色的页岩，酷似牛肝，西边垂下一堵黯褐色的岩石，岩石上有一小洼坑，无论周围干旱与否，洼坑里面都有积水。即使人们当天把里面的水都取出，第二天里面依旧盛满了水，而且水满不溢。夏季人们在岩石上乘凉，可以在洼坑中看到映入水中的月亮，于是人们唤此石头为"金盆照月石"。

延伸阅读

氯化钠，无色立方结晶或白色结晶。溶于水、甘油，微溶于乙醇、液氨。不溶于盐酸。在空气中微有潮解性。用于制造纯碱和烧碱及其他化工产品，矿石冶炼。食品工业和渔业用于盐腌，还可用做调味料的原料和精制食盐。

长江三峡

●从何而来的玻璃石 ----------------------------

天然的玻璃质石块

在我国雷州半岛的湛江市、海康县和徐闻县境内，以及海南岛东北海岸的文昌县至琼海县一带，每当雷雨以后，冲刷过的旷野里偶尔能拾到一种杏子大小的黑色玻璃质石块。

世界上别的地方也发现过这种天然玻璃质石块，一般长数毫米到十厘米，几克到一二十克重，最重的有百余克。形状多样，有水滴状、球状、棒状、薄管状、平板状，也有哑铃状、纽扣状、饼状、瓦片状等，但以厚的碎核桃壳状、薄片状和不规则状最为多见。颜色有黄、绿、橄榄褐色直到几乎不透明的暗褐色和黑色。在一些海底钻孔岩芯里还发现过一种刚刚能看得见的微小玻璃质球体。石器时代的人类曾用它们来制造工具。

火山喷发形成的一种黑曜岩

18世纪时有人认为它们是史前人类制造的玻璃遗迹，后来又有人猜测它们是雷电的产物。1844年，著名的英国生物学家达尔文在澳大利亚旅行时，得到一块纽扣状的玻璃质石头，他确信这是火山喷发形成的一种黑曜岩（酸性的玻璃质火山喷出岩），后世称之为达尔文石或达尔文玻璃。这种奇怪的石头表面往往带有刻痕或流动条纹，与火山弹类似，也暗示了它们可能是火山喷发的产物。

有趣的是，玻璃石在地球上并非随意散布，而是很有"选择性"的，主要集中散布在南北纬50度之间的4个地区。而且出现在每个地区的玻璃石的化学组成和外形上都有相似之处，"年龄"也都是一致的。

显而易见，火山成因说无法解释玻璃石的分布特点。因为地球上火山的分布与4个散布区并不吻合，火山的喷发时间也不是集中在上述4个特定时期。19世纪时，已经有人推想它可能是一种陨石物质。可是人类历史上所看到的自天而降的陨石只有3种：铁陨石、石陨石和石铁陨石，从来没看见过玻璃陨石的坠落。再说玻璃陨石的二氧化硅含量非常高，一般达70%～80%，最高达98%，与地球上的酸性火成岩、石英砂岩接近，与普通陨石的成分则完全不同。而且陨石的年龄多在30亿～40亿年以上，而玻璃陨石非常年轻，最老的也只有3450万年。

玻璃陨石起源于何种天体

有人推测它可能是月球近期火山喷发的喷出物，飞溅到地球上而形成的。但月球地质学的研究表明，月球上的火山作用早在31亿年前已基本结束，尤其是近5亿年来，更不可能喷发出如此多的玻璃陨石落到地球上来。

1980年，美国科学家奥基夫发表了更为怪诞的理论：3400万年前，由于月球上一次火山爆发，飞溅出许多碎石，在地球外面形成一个环，类似当今的土星环。这条环阻挡了阳光，使地球突然变冷，造成新世时的大量生物绝灭事件。以后由于太阳光压或地球大气的阻力，这条环逐渐消失，其中部分碎石跌下地球，就是玻璃陨石。然而玻璃陨石还有其他年龄组的，无法都用

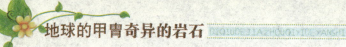

3400万年前的一个地球环来解释。

冲击变质说

当今比较盛行的是冲击变质说，认为巨大的陨石或彗星核高速陨落时，撞击地面，会使地表岩石快速熔化变质并飞溅起来形成玻璃陨石。这一假说的支持者在莫尔达维区和科特迪瓦区附近都找到了陨石坑，它们的同位素年龄与产自附近的玻璃陨石相仿；在东南亚和北美的玻璃陨石中还发现了二氧化硅和锆石的冲击变质产物——锆石英、斜锆石和金属镍铁珠球。但也有反对者提出质疑，在最大的澳大利亚散布区并没有找到相应的陨石坑；而且冲击变质物质要散落到范围广大的亚澳区，必须得有6000米/秒以上的初速度，这是不可能达到的；最后，玻璃陨石的内部结构是绝对均匀的玻璃质，而陨石碰撞地球形成的冲击玻璃在显微镜下却可以看到原来矿物的晶体轮廓及晶体残余，说明两者性质完全不同。那么玻璃陨石到底是如何形成的，还有待进一步研究。

📚 延伸阅读

石器时代：考古学名称。是考古学对早期人类历史分期的第一个时代，即从出现人类到铜器的出现，大约始于距今二三百万年，止于距今6000～4000年左右。这一时代是人类从猿人经过漫长的历史，逐步进化为现代人的时期。

●神秘的怪石圈 ---------------------------------

北极怪石圈

在北冰洋周围一些平坦的低洼地区，人们常能看到一种奇怪的石环。这是由石块堆垒成的圆形或是多边形的环状石圈。石环的直径大的可以达到上百米，小的仅有几十厘米。有些石环彼此连接，形成"连环套"。石圈里还有清浅的积水，成为一个个小池塘，看起来就像是海边的那畦畦的晒盐池。

在寒冷荒凉、杳无人烟的北极地区，垒砌这么多石圈做什么？

奇怪的石圈或石头形成的长线对外星人来说，也许像导航标志。但科学家们认为，这完全是大自然鬼斧神工的作品而已。

怪圈的形成

北冰洋长年被冰层覆盖着，它的周围陆地有相当大的一部分也在北极圈里面。气温非常的低，土层冻结深达几十米，甚至是几百米，多年都不会融化，这叫做永久冻土层。在北极地区有短暂的夏季。冻土层上面的一薄层就会融化，天一冷就会再次的冻结。这一层叫做冻融层。石环就是这冻融层制造出来的。水结冰时候体积要膨胀增大，冻融层里面的水结冰了，自然也会产生压力；向下是坚硬的永冻土，四周又是厚厚的土层，这个压力就只能指向地面了。这样一来，就把混在土层中的石块向上顶出。

而夏季土层融化的时候，石块是不会自己向土层里面钻的。时间长了，不少石块就会被顶出地面。地面有了石头以后，土层再次冻结被顶得凸出来的时候，地面上的石头就会向四周滚去，形成一个个石环。由于地面起伏的状

北极怪石圈

况不同，所以形成的石环大小、形状也不相同，这样就构成了各种美丽的图案，当江水汇流到这些低洼的地方的时候，就变成了一个个小水池。

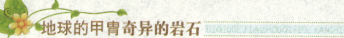

知识点

在吐鲁番地区鄯善县连木沁镇10多千米的戈壁滩上，也有神秘的"怪石圈"。这里的"怪石圈"有大有小、有圆有方，有的为"口"字形串联状，有的为方形与圆形石圈混合摆置。其中一个被称为"太阳圈"的巨型石圈由4个同心圆组成，最大外圆直径约8米，最小的内圈已被破坏。在"太阳圈"的东南部，分布着大面积的石圈。奇怪的是，这些"怪石圈"所用的石头在附近的戈壁滩很难找到。这片神秘"怪石圈"的形成及历史至今是个谜。

延伸阅读

晒盐池一般分成两部分：蒸发池和结晶池。先将海水引入蒸发池，经日晒蒸发水分到一定程度时，再倒入结晶池，继续日晒，海水就会成为食盐的饱和溶液，再晒就会逐渐析出食盐来。这时得到的晶体就是我们常见的粗盐。剩余的液体称为母液，可从中提取多重化工原料。

吐鲁番

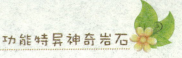

●产蛋崖产石蛋 ------------------------

贵州山崖产奇特"石蛋"

数十枚足球大小的"石蛋"静卧山间，另有数十枚大大小小的"石蛋"仍镶嵌在崖壁中，等待"出世"……这一"石头下蛋"的地质奇观，出现在贵州省黔南州三都县的姑鲁产蛋崖。一颗颗的"石蛋"在相对凹进去的崖壁上安静地孕育着，有的刚刚露头，有的已经生出了一半，有的已经发育成熟，眼看就要与山体分离。山崖"产"下的石蛋为圆形或扁圆形，直径一般为30～50厘米，呈青赤色，质地坚硬，比重大且不风化，石蛋上有类似树木年轮的圆形纹路。

整个产蛋崖长20米，高6米，其上错落地分布着直径为20～40厘米的"石蛋"，这些是集中暴露的区域。在产蛋崖周边区域，也存在着类似的"石蛋"，只不过数量较少。所以，有可能在产蛋崖附近区域还存在为数不少的"石蛋"，只不过这些都被埋藏了起来，尚未被人们发现而已。

紧靠产蛋崖而居的姑鲁寨，是三都县一个典型的水族村寨，自从1000年前水族的一支迁入至今，这个村寨已历经了千年的风雨。山崖上的"石蛋"每隔30年左右就会脱落一次，过去村民们觉得"石蛋"代表吉祥，都纷纷把它们抱回家珍藏。据不完全统计，村民保存的"石蛋"已有百余枚，目前显露尚未落地的仍有60余枚。

山崖产石蛋究竟是何因

对于山崖产石蛋的现象，地质专家说法不一。有的认为，产蛋崖处在"下泥盆纪"地质层上，在几亿年的时光里，岩石由形成到不断运动挤压，由于原始成分的差异而形成了"石蛋"；有的认为，可能是沉积石透镜状岩石与周围岩石成分不同，经过上亿年的运动变化后形成独立体从原岩石中脱离出来。

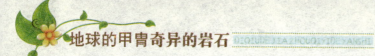

有的专家猜测，这些"石蛋"可能很久以前是蛋或者石头，经过长年累月的沉积和风沙、水流等地质变化的洗礼，体积慢慢变大，变成现在的"石蛋"；也有猜测说远古时期的贵州是一片汪洋大海，"石蛋"可能是海中的某种物质在沉积作用下形成的。

还有人认为，"石蛋"的母石，形成于三四亿年前，在漫长的历史过程中，经过海洋升沉、火山喷发、地质运动等作用，不断摩擦、碰撞、挤压、再造，最后剩下石芯，这些石芯被埋藏在山体内，遇到山体滑坡或雨水冲刷，便以"石蛋"的形态显露、滚落出来……众说纷纭、莫衷一是。

"石蛋"会不会是化石

那么这些"石蛋"会不会是恐龙蛋，或是我们所不清楚的远古时期的大型生物？专家明确表示，"石蛋"肯定不会是化石。"从地质上来看，初步认定形成于4亿～5亿年前的寒武纪，这个时期只存在少部分的低等生物，不可能存在这么大的动物。另外，化石都有一定的结构，例如恐龙蛋就会有蛋壳等成分，这是在'石蛋'中没有发现的，所以'化石说'.是不能成立的。"

"石蛋"可能是结核？

从观察来看，"石蛋"很有可能是一些二氧化硅含量高的结核。在寒武纪的时候，产蛋崖这里还是一片汪洋大海，海里存在很多的二氧化硅胶体，这些二氧化硅在碱性的海水中溶解，随着水流的冲刷，汇集到产蛋崖的这个地方，而恰恰在产蛋崖的某个水深时海水变成了酸性，溶解的二氧化硅胶体发生反应，大量地从水中析出沉淀并且聚集成团，就形成了二氧化硅的结核。经过几亿年的地质变迁，当年的汪洋早已经成为平地，海洋中的泥质包裹着二氧化硅结核就形成了今天产蛋崖。由于泥质和二氧化硅结核的风化时间不同，前者风化得更快些，导致了泥质更快的被剥落，使其中包含的二氧化硅结核暴露，并最终掉落出来。

至于结核为什么是蛋形的，主要有两方面的原因：首先，相同体积所有形状中球形的表面积最小，这样结核形成球状所需要做的功最少，也就是说形成球形是最容易的。此外，长年的海水冲刷也会把结核表面的棱角全都磨平，就好比日常见到的河里的鹅卵石一样，大部分都是光滑的圆形或椭圆形。"

结核不只有贵州有

产蛋崖这种特殊的地质现象确实比较少见。但类似的结核现象在其他地方也有发现，只不过成分有所不同。像在北戴河和新疆的一些地方就曾经发现过硫酸钡的结核。在世界各大洋海底也广泛分布着铁锰结核，它们还是很重要的金属矿产，可以提炼丰富的资源。总体来说，结核大部分都形成于寒武纪，我们推断可能寒武纪特殊的地质环境使得结核现象较为有利发生，而这种现象可能遍布世界人们所未知的角落，等待人们去发现。

知识点

当地的居民几乎家家户户都收藏着几颗"石蛋"，认为是吉祥的象征。对此科学家表示，"石蛋"就其本身来说只是一些形状怪异些的石头，作为装饰也未尝不可。"好运之说一方面源自当地居民朴实的追求幸福的心理，另一方面也反映了当地有趣的文化。"作为全国唯一的水族自治县，三都县保存

石 蛋

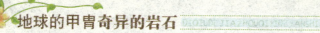
有完好的水族特有的象形文字——水书，也有被称为刺绣活化石的马尾绣，加上神秘的"石蛋"，不失为一个旅游休闲的好去处。

延伸阅读

寒武纪是在地质时间上约为5.7亿～5.5亿年前古生代初期的一段地质时间。它可区分为3个时期：始寒武纪（5.7亿～5.4亿年前）、中寒武纪（5.4亿～5.23亿年前）、以及后寒武纪（5.23亿～5.5亿年前）。

● 开出石花的石头 ------------------------------

脚下"石花"遍地"开"

都安瑶族自治县的几座山上，石头会开花！不久前，网上贴出石头开花的照片。照片中，坚硬的石头开出了一朵朵有花瓣的石头花。此报料引起了人们的极大兴趣，大家议论纷纷。由于石花与真花非常相似，有人怀疑照片经过后期处理，是"假报料"。

人们来到在所谓的开花的石头所在的山脚下的红渡村，村旁青山连绵起伏。在半山腰，就看到了所谓的石花，眼前的"石花"就像天上的星星，镶嵌在这半山腰的石头上。可惜这里的石花数量虽多但个头儿却小，每朵"花"直径只有2厘米左右。

走到一处悬崖峭壁的边缘，踩在怪石嶙峋的石头上，就会发现"石花"真的就盛开在脚下。石头上开出的花朵栩栩如生，比半山腰上的更大、更多、更漂亮：有的含苞欲放，有的争奇斗妍，而有的已残败凋零，令人叹为观止。大的花直径有六七厘米，小的只有两三厘米，花瓣多为褐色，由外向内，颜色逐渐变浅。有些"石花"的花心已呈白色，在阳光照射下会有轻度反光。

"石花"的分布并不均匀，在山坳几十平方米的范围内分布较集中，旁边峭壁上也有少数分布。据当地的村民称，另外几座山上也有"石花"盛开。有人曾经试图把这些石花的花瓣掰下来，但石花与石头融为一体，花瓣有如石头般坚硬，无法"采摘"。

"石花"也有"花期"

石头开花不仅确有其事，更神奇的是，石花还有"花期"。也就是说，石花就像真花一样，每隔一段时间就盛开一次，间隔的时间有可能是几年，也有可能是几十年。在桂林的一些山上开的石花，就是"十年一期"。

千百年来，贵州三都县有一座山崖能不停地"生"出石蛋来，而且每隔30年，石蛋就会从山崖上"生"出，滚落在地。当地村民都以能拥有这样的石蛋为荣，认为它能使这个家庭人畜兴旺、衣食无忧。都安的"石花"，是否也像贵州石蛋一样，有成长期呢？如果存在成长期，那花开花谢，间隔时间又是多长？

"石花"可能是燧石结核

据专家考证，这些石头是"浅灰色中厚层状含燧石结核生物碎屑灰岩"，"石花"均为"燧石结核"。在广西西南地区上二叠统合山组中也曾发现过类似的现象，那里的结核多为硅质交代生物或生物碎屑而成，距今约2.6亿～2.5亿年。

这些石头有可能是二叠系的产物，也有可能是石炭系（距今约3.6亿～2.9亿年）的产物。综合以上信息分析，都安这些"石花"形成于3亿～2.6亿年前的可能性比较大。

知识点

据专家所说，这些"石花"形成于3亿～2.6亿年前，那么它们有没有花期

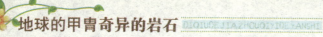
呢？其实"花期"只是一种美化的说法。所谓的花开花谢，应该是岩石风化脱落的结果。而"花期"究竟有多长，与岩石抗风化程度有关，而风化程度与岩石的性质及所处的外部环境有关。

延伸阅读

二叠纪是古生代的最后一个纪，也是重要的成煤期。二叠纪开始于距今约2.95亿年，延至2.5亿年，共经历了4500万年。二叠纪的地壳运动比较活跃，古板块间的相对运动加剧，世界范围内的许多地槽封闭并陆续地形成褶皱山系，古板块间逐渐拼接形成联合古大陆（泛大陆）。陆地面积的进一步扩大，海洋范围的缩小，自然地理环境的变化，促进了生物界的重要演化，预示着生物发展史上一个新时期的到来。

●各式各样的奇石————————————————————

会出现神秘纹圈的石块

在中美洲中部的的卡隆芭拉地方，有一些卵形的石块，土著人一直把它视为宝物。这些石块在下午时是平滑的，奇怪的是，经过一夜时间，所有石块上便会出现一些神秘的纹圈。经太阳晒过以后，这些刻纹便自动在下午全部消失。好几千米范围内的石块皆是如此。曾经有地质学家用仪器拍摄这些石块夜间变化的过程，发觉在午夜12点以后，好像有无数隐形的手在这些石块上面刻出图案。可惜他们怎么也研究不出一个所以然来。

忽轻忽重的怪石球

我国贵州省惠水县有一块椭圆形石头，可以自行增减重量2000克左右。据圆石主人说，最初石重22.5千克，朋友们在1989年春节时来观赏"宝石"，圆石重量已变成了25千克。随后一连数天，换了8杆秤反复校验，发现此石最重时25千克，最轻时22.5千克，上下变化达2.5千克。研究人员在一次测定中记录了当天11时13分、11时43分、12时28分这3个时刻圆石的重量分别为21.8千克，22.8千克，23.8千克。在短短的75分钟内，圆石的重量竟增加了2千克。这种重量变化是否对应了重力场的某种变化呢？

释放毒气的毒石

日本栃木县那须镇的山上，有一种毒石，不论是昆虫还是飞鸟，一旦接触到这种石头便很快就会死亡。这种能杀死生物的毒石，当地人把它叫做"杀生石"。这种毒石多在火山口附近，由于被火山喷出的亚硫酸和硫化氢气体浸熏，从而有了毒性。有些寺庙把它搬去，当做神物安放。

会哭泣的哭石

在西班牙的比利牛斯山顶上有一块会"哭泣"的岩石。这块岩石的哭泣声像女人低声饮泣一样，听来十分伤感，因此吸引了许多游客。奇怪的是，这块岩石只有在晴天的傍晚才哭泣，而且时间只有一两分钟。

奇石生白发

一块看似普普通通的石头，却在它的头顶上长出了像头发一样的东西。很是奇怪。这块石头长约30厘米，宽20厘米。石头的下半部像一块鹅卵石，顶部有一层很薄的基质，"毛发"的颜色和石头的颜色相似，最长的"毛发"有15厘米，比人体的头发稍粗。据悉，这块石头名叫"长毛石"，产自海滩。只要条件适应长毛石的长发还会继续生长。长毛石形成的原因，很可能是有一种远古的海洋生物附着其上，并依靠其养料滋养而生存的。随着地球的运动，海水的不断冲刷以及岁月的流逝，就慢慢变成了生物化石。

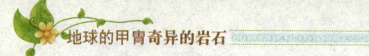

随声起落的巨石

有两块随声起落的巨石存放在印度西部的希沃布里村，希沃布里村有座安葬800年前逝世的伊斯兰托钵僧库马尔·阿利·达尔维奇的圣祠。这两块吸引世界各地游客前往争睹的圣石，就并排放在圣祠前的陈旧台阶上。

这两块圣石大的一块约重90千克，小的一块略轻些，而且只能男人上前接近。只要人们用右手的食指放在巨石下，同时异口同声且不停顿地喊着"库马尔·阿利·达尔维–奇–奇–奇"，发奇字的声音拖得越长越好，这样，沉重的圣石就会像活人般地顿时从地上弹跳起来，悬升到约2米的高度；直到人们无法喊出达尔维奇的名字时，它才会落回到台阶上。圣石升高过程，可以反复数次。

沉重的岩石飘然离地的秘密何在？难道人们采用的特定方式能够改变重力作用吗？来自人体的信息（语言与动作）是如何在某种程度上抵消重力的效果的呢？这些都是悬而未解之谜。

知识点

据记载，巨石的升空方法是达尔维奇生前透露给人们的。800年前，圣祠所在地原是一座健身房，那两块巨石是供摔跤手来练习使用的。达尔维奇小时候就经常光顾这里，他常常显示出自己过敏的生命机能和超人的力气。许多年以后，健身房被拆除，达尔维奇这位伊斯兰教徒对周围的人说出了这样的秘密："那两块巨石即使你们使出全身力气也未必举起，除非你们重复叫我的名字。"他还告诉人们，用1根右手手指就可使那块大的巨石升空，而那块小的岩石只需用9根手指头同样也能使它升起。至于更多的秘密，达尔维奇则只字未提。

延伸阅读

比利牛斯山位于欧洲西南部，山脉东起于地中海，西止于大西洋，分隔欧洲大陆与伊比利亚半岛，也是法国与西班牙的天然国界，山中有小国安道尔。在比利牛斯山中有比利牛斯山国家公园。这个国家公园成立于1967年，沿着法国和西班牙国界延伸100多千米。此地景致壮观，包括了大

比利牛斯山

量蝴蝶飞翔的草地和终年积雪的高山峰顶。海拔的高度和气候的变化颇大，因而区内拥有多样化的动植物。

● 能发出声音的石头 ----------------------------

发出响声的怪石

从天到地，从地到天，天地之大无奇不有。正如在重庆市丰盛镇相传有一种能发出奇怪响声的石头，当地人称它为响石，而更为奇怪的是在当地的县志上还有关于响石里有一种能治人眼疾的神奇物质的记载。究竟这些是被夸大的传说？还是真有如此神奇的怪石？这能发出响声的怪石又是如何形成的？

相貌平常的响石

从外形上看，响石与普通石头无多大区别，没有奇特的造型和五彩斑斓

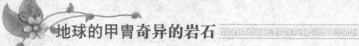

的颜色，表面还粘满黄土。大的碗口大，小的如鹌鹑蛋，重量比同等大小普通石头要轻，用手指轻轻敲击，明显感觉它们是空的。曾有村民砸开响石看稀奇，发现响石像鸡蛋一样，外面是一层石壳，里面是空的，有一些灰红色颗粒物或液体。因此，专家解释，响石是因石腹中空，内有固体或液体物质，摇动后，里面物质撞击石壳，所以发出声响。

响石的成分

据悉，响石的分布仅仅在东温泉山中的一条线上有，而其他地方很少会有响石出现，也就是说虽说是在同一座山上但响石并不是在哪儿都可以找到的。这一带的岩石主要就是碳酸钙镁，就是白云石，碳酸钙镁，白云石以外的地方都很少发现响石。所谓中生代是地质层面里的一个特殊层面，它的主要地质特征就是白云石，学名白云质灰岩，只有在有这种白云质灰岩的地方才会有大量的响石出现。

在数以万年计的岁月中，白云质灰岩逐渐风化形成黄色碱性黏土，其中附带了大量沙砾或砂石，在复杂的地壳变迁、环境变化等多种因素影响下，黏土因外表坚硬只能内缩，逐渐形成中空，部分砂砾、砂石和水分就留存下来。

治疗眼疾的石头

清朝的《巴县志》中记载："响石，中有子，摇之，声如玉沙，可已目疾。"据说，当时大清帝国有一个御使，叫陶釜，就将这种响石作为一种礼品赠送给客人。

原来传说中这种能发出声音的石头里有一种特殊物质能治人眼病。响石是否真能治疗眼病？近日，几块响石被送到成都综合岩矿测试中心，专家运用国外引进的先进测试机进行测试实验，发现响石中空的灰红色砂砾含硒和硼两组微量元素特别高。

会唱歌的子母石

响石里面的秘密还有很多很多，而真正等待破解的疑团还都只是个未知数。有些响石不但会发出声音，甚至会唱歌，这似乎不太可能。

但在我国青岛平度市就有一种子母石，当拿在手边摇晃时，就可以听到时若流水，时若叮叮当当十分清脆的声音。这些石头与普通石头大小无异，但拿起来便能发出声响。这让人百思不得其解，后来有人砸开它们，发现里面是空的，包裹着另一块石头，可是这种"同心石"是怎么形成的呢？

2008年3月，我国青岛平度市明村镇的村民在当地的三合山上发现了一种"会唱歌的石头"。这些石头有的可以发出水流的声音，有的可以发出叮叮当当的声音，当地的许多人都将这种石头拿回家给孩子当玩具。村民称这种"会唱歌的石头"为"子母石"。

子母石的形状大多数都像一种小动物，发出的声音清脆悦耳。子母石最重的达10千克以上，最小的只有拳头的大小。据专家称子母石很可能是沉积多年的土层或火山爆发后形成的火岩石。

会发出迷人乐声的响石

在美国加利福尼亚州的沙漠地带，还有一块巨大的岩石，每当月圆，需用篝火围住巨石，待升起一团团烟雾的时候，巨石就会发出一种迷人的乐声，时而委婉，时而低沉，就像艺术家在弹凑一首美妙的曲子。为什么这块巨石会发出声音呢？为什么还要在月圆、篝火、浓烟条件聚齐下才会发出声音？这还没有人能说得清楚。

2006年来，人们陆续在巴南区丰盛镇桥上村一槽谷地带中，发现一种令人匪夷所思的奇石，只要拿起轻轻一摇，便能发出声响，因此被人们称为响石。

而也正因为它这个奇怪的特征，在当地有很多关于响石的传说，有人说响石里面藏有灵丹妙药，也有人说响石里面有奇珍异宝。这些传说究竟因何而起，响石又是一种什么样的石头？它真的能发出响声吗？

拿起石头在耳边摇一摇，石头里立刻传出哗啦哗啦的响声，这时确实能感受到这块其貌不扬的小石头的神奇之处，可它到底里面藏着怎样的秘密，它又为何会发出这种奇怪的声音？

延伸阅读

平常人们有使用硼酸粉消毒保护眼睛。另外，多吃含硒的食物，也有利于视力的保护。因此，硼和硒对眼睛都有不同程度的好处。《巴县志》记载虽有一定可能性，但并不能乱用响石来治疗眼疾，因为目前还没有硒制成的治疗眼病的药物，只是食补，硼酸也只用于温敷消毒。

神秘峡谷奇石岩壁

峡谷深度大于宽度谷坡陡峻的谷地。V形谷的一种。一般发育在构造运动抬升和谷坡由坚硬岩石组成的地段。当地面隆起速度与下切作用协调时，易形成峡谷。峡谷的颜色，因岩石的种类、风化的程度、时间的演变，以及所含矿物质的各异，而各有不同。这里的岩石在阳光照射下，呈现五彩，使得像一块巨大的调色板，美不胜收。

黄石峡谷有光怪陆离、五光十色的风化火山岩，峡壁上交织着白、黄、绿、朱红等颜色；布莱斯峡谷以奇形怪状的风化岩石著称，特别是褐岩红石更加引人注目；而布满纳瓦霍砂岩的羚羊峡谷是北美最美的峡谷；锡安峡谷被称为红色奇迹；纪念谷的奇丘异石在沙漠中矗立；峡谷地国家公园中的峡谷以其峰峦险恶、怪石嶙峋著称；科罗拉多大峡谷色彩斑斓、峭壁险峻，保留着原始的洪荒。

●科罗拉多大峡谷红石

"峡谷之王"

科罗拉多大峡谷可以说是现代文明不断征服大自然的同时，一路遗留下的如此壮丽的原始洪荒。用语言描绘大峡谷是十分困难的，也许只有亲临大峡谷后，用心灵去感知它的庄严、静穆和深邃，领略造物主赋予大峡谷的瞬息变幻和亿万年的寂寥。

据地理学家考证，大峡谷已走过600万年的历史，是大自然在地球上的杰作，辉煌与壮丽远非一般自然景色可比，美国人以此为骄傲与自豪。

　　大峡谷位于美国亚利桑那州西北部的科罗拉多高原上，是科罗拉多河经过数百万年的冲蚀而形成，峡谷色彩斑斓，峭壁险峻。在许多非权威版本的世界七大自然奇观列表上都有大峡谷的名字。大峡谷总长446千米，平均深度1600米，宽度从500米至2.9千米不等。科罗拉多高原抬升时，科罗拉多河及其支流长期冲刷，不舍昼夜地向前奔流，有时开山劈道，有时让路回流，在主流与支流的上游就已刻凿出黑峡谷、峡谷地、格伦峡谷，布鲁斯峡谷等19个峡谷，而最后流经亚利桑那州多岩的凯巴布高原时，更出现惊人之笔，形成了这个大峡谷奇观，而成为这条水系所有峡谷中的"峡谷之王"。

峡谷的形成

　　亿万年来，奔腾的科罗拉多河从美国西部亚利桑那州北部的堪帕布高原中，切割出这令人震撼的奇迹——科罗拉多大峡谷，只要登高远望，就可以清楚看到坦如桌面的高原上的一道大裂痕，那就是科罗拉多河在这片洪荒大地上的印记。

　　在由板块活动引起的造山运动以及地壳隆起的共同作用下，沉积岩被抬高上千米，从而形成了科罗拉多高原。海拔的升高也导致了科罗拉多河流域降雨量的增加，但并未足以改变大峡谷地区半干旱的气候。随后的山体滑坡及其他块体移动又造成了河流的侵蚀，这些都倾向于加深、扩展干旱环境中的峡谷。

　　地壳隆起并不均匀，这就导致大峡谷的北岸比南岸高出300多米，并且科罗拉多河与南岸更靠近些。北岸高

科罗拉多大峡谷

地降水量相对较高，其几乎所有径流都流向大峡谷中；而南岸高地的径流则顺着地势向着背离峡谷的方向流去。这就加剧了峡谷的侵蚀，使科罗拉多河北岸的峡谷及其分支更快地拓宽。

大峡谷的红色巨岩

大峡谷两岸都是红色的巨岩断层，大自然用鬼斧神工的创造力镌刻得岩层嶙峋、层峦叠嶂，夹着一条深不见底的巨谷，彰显出无比的苍劲壮丽。更为奇特的是，这里的土壤虽然大都是褐色，但当它沐浴在阳光中时，在阳光照耀下，依太阳光线的强弱，岩石的色彩则时而是深蓝色、时而是棕色、时而又是赤色，总是扑朔迷离而变幻无穷，彰显出大自然的斑斓诡异。这时的大峡谷，宛若仙境般七彩缤纷、苍茫迷幻，迷人的景色令人留连忘返。峡谷的色彩与结构，特别是那气势磅礴的魅力，是任何雕塑家和画家都无法描摹的。

景色奇异大峡谷

峡谷两壁及谷底气候、景观有很大不同：南壁干暖，植物稀少；北壁高于南壁，气候寒湿，林木苍翠；谷底则干热，呈一派荒漠景观。蜿蜒于谷底的科罗拉多河曲折幽深，整个大峡谷地段的河床比降为每千米1.5米，是密西西比河的25倍。其中50%的比降还很集中，这就造成了峡谷中部分地段河水激流奔腾的景观。正因为如此，沿峡谷航行漂流就成为引人入胜的探险活动。

大峡谷不仅景色奇异，而且野生动物十分繁富。有200多种鸟禽，60种哺乳动物和15种爬行动物和两栖动物在此生息，在谷底的法顿牧场和相离90余千米，高约3500米的圣弗朗西斯科峰之间的地段，既是亚热带植物，也是寒带植物的生长区。所以，这里仙人掌、罂粟栗、云杉、冷杉等植物几乎是在同一地区内共生。

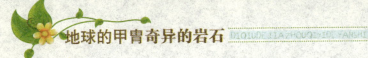

知识点

科罗拉多大峡谷的天然奇景之为人所知，应归于美国独臂炮兵少校鲍威尔的宣传。他于1869年率领一支远征队，乘小船从未经勘探的科罗拉多河上游一直航行到大峡谷谷底，他将一路上惊险万状的经历，写成游记，广为流传，从而引起美国朝野的注意，于1919年建立了大峡谷国家公园。

延伸阅读

科罗拉多高原是美国唯一的一个沙漠高原，位于美国西南部，面积30多万平方千米。东起科罗拉多州和新墨西哥州的西部，西迄内华达州的南部，科罗拉多河贯穿整个高原。经科罗拉多河及其支流的冲蚀，科罗拉多高原形成多条深邃的峡谷。

●黄石大峡谷风化岩石 ---------------------------

美国的第一国家公园

黄石国家公园占地9000多平方千米，自然景观丰富多样，峡谷、瀑布、湖泊、间歇泉和温泉，还有丰富的野生动物，如灰熊、狼、麋鹿和野牛等。黄石公园建于1872年，是美国的第一个国家公园。

1万多年前，黄石公园原是印第安人的狩猎区，公元1807年，随着刘易斯与克拉克探险队的远征及第一位进入黄石公园的白人约翰·寇特的探勘，黄石公园才得以呈现在世人面前。当寇特向他的朋友描述自己看到的黄石地热奇观，却没有人相信他，并被戏称为"寇特地狱"，这个名称后来也被用来称呼黄石公园。

黄石公园的形成

黄石公园是一个风景迷人的地方，6000万年以来，黄石地区多次发生的火山爆发，构成了现在海拔2000多米的熔岩高原，加上3次冰川运动，留下了山谷、瀑布、湖泊以及成群的温泉和喷泉。大自然用水、火、冰、风在这里精雕细琢，东、西、北三面，山峰起伏崎岖，山山之间有峡谷，道路坎坷，山岩嶙峋；河、湖、溪、泉、塘，大小瀑布，应有尽有，它们有的从云端直泻而下，有的自山谷奔流而出，有的从地下涌现。黄石国家公园还是动物的天堂，各种各样的野生动物都聚集在这里，是美国最大的野生动物庇护所。

黄石大峡谷美景

黄石公园中多峡谷景观，尤以黄石峡谷最著名。谷长40千米，深400米，宽500米，如科罗拉多大峡谷一样为北美最著名的峡谷之一。黄石大峡谷是由黄石河冲蚀被地热腐蚀的火山岩形成。大约在1.4

黄石国家公园

万~1.8万年前，大峡谷又连接经历了3次冰川的侵蚀，逐渐形成这种典型的V形（river-eroded）峡谷。黄石大峡谷大约在1万年前才形成现在的模样，可以说它还是相当年轻。

黄石大峡谷引人人胜之处，不仅是峡谷的幽深曲折和汹涌奔流的河水瀑布，还有光怪陆离、五光十色的风化火山岩。峡壁上交织着白、黄、绿、朱红等颜色，在阳光下闪烁着耀眼的光泽，璀璨夺目。高高的岩壁，看上去像用油彩涂成，但毫无顾忌地暴露在日晒雨淋之中，颜色依然是那样鲜艳，既不会被激流冲刷而去，也不会因风吹日晒而褪色。站在峡谷边上向下望，波光粼粼的黄石河仿佛一条绿色巨龙在色彩斑斓的壁画中游弋。

其中一种名叫黑曜岩构成的悬崖，则如一面玻璃墙镶嵌在半空中。"玻璃悬崖"被日光照耀时，熠熠闪烁，光彩夺目。峡谷中还可见亿万年的森林——"石化森林"奇景。

峡谷中亿万年的森林

黄石公园总面积的85%都覆盖着森林。绝大部分树木是扭叶松，这是生命力极强的一种树木，另一种分布广泛的树种是龙胆松。这里的云杉和亚高山银杉秀丽多姿，令人瞩目。它们有高高的塔状树身，繁茂的树冠生机盎然、光彩照人。这两种树木广泛地分布在美国西部地区，攀缘着每一座高山。

黄石公园是世界上最原始最古老的国家公园。根据1872年3月1日的美国国会法案，黄石公园"为了人民的利益被批准成为公众的公园及娱乐场所"，同时也是"为了使它所有的树木，矿石的沉积物、自然奇观和风景，以及其他景物都保持现有的自然状态而免于破坏"。

知识点

黄石公园位于美国西部爱达荷、蒙大拿、怀俄明三个州交界的北落基山之间的熔岩高原上，绝大部分在怀俄明的西北部。海拔最高处达2438米，面积8956平方千米。它成立于1872年，美国国会通过了成立黄石公园自然及野生动物保护区法案，公园的名称Minnetaree是从印第安人的文字mitsia-ad-zi由来的，而mitsia-ad-zi本身就是黄石河的意思。

延伸阅读

龙胆松有着极强的适应能力，而且成长速度极快，能在各种各样的气候土壤条件下生长。在经常发生山火的最危险的山坡上，它们也千姿百态、郁郁葱葱。在落基山脉，几乎每个夏季，都有数千平方千米的龙胆松被火灾吞没，但"野火烧不尽，春风吹又生"，新的生命在灰烬中迅速崛起。

●羚羊峡谷纳瓦霍砂岩 ----------------------------

时刻变化的石头城

亚利桑那州佩奇城附近的羚羊峡谷是北美最美丽的峡谷，它幽深、距离不长，但沿着山势深切地下，分为两个独立的部分，上羚羊峡谷和下羚羊峡谷。这里的地质构造是著名的纳瓦霍砂岩，谷内岩石被山洪冲刷得宛如梦幻世界，是游客们的"地下天堂"。

羚羊峡谷是北美印第安人最大部落纳瓦霍人的属地。这里过去是野羚羊的栖息处，因峡谷里常有野羚羊出没而得名。峡谷总长400多米，谷顶两侧的距离很窄，但由谷顶到谷底的垂直距离却高达十数米。狭缝型峡谷分为两个独立的部分，也就是上、下羚羊峡谷。光线完全是自然光通过不同深度的红色岩层缝隙的折射射入洞内的，因此光线时刻在变化，一年四季，甚至每天不同的时间，不同的角度看到的色彩都不同，置身其中，真似进入了一个五彩缤纷魔幻世界，令人终身难忘。羚羊峡谷可以说是时刻变化的石头城。

羚羊峡谷的形成

羚羊峡谷如同其他狭缝型峡谷般，是柔软的砂岩经过百万年的各种侵蚀力所形成。主要是暴洪的侵蚀，其次则是风蚀。该地在季风季节里常出现暴洪流入峡谷中，由于突然暴增的雨量，造成暴洪的流速相当快，加上狭窄通道将河道缩小，因此垂直侵蚀力也相对变大，形成了羚羊峡谷底部的走廊，以及谷壁上坚硬光滑、如同流水般的边缘。

大峡谷的形成并不仅靠科罗拉多河的水流。高原暴雨导致的山洪暴发，才是地表

羚羊峡谷

切割最主要的力量。越是干旱的荒山，一旦暴雨，山洪暴发的力量就越是惊人。极度干燥坚硬的地表吸水性很差，降雨顺地势冲刷，如果地表有些许裂隙，湍急的水流和携带着一路冲下的砂石几乎无坚不摧。就这样日复一日，年复一年，峡谷里红色的细沙湿了干，干了湿，冲走了再填，填满了再冲。日积月累了数百万年，最终将沙岩凿成今天这样流水般的形状。

走进狭窄的峡谷走廊，脚踏松软的红沙，顶上就是一线天。红色的岩壁被水冲蚀出清晰的条纹，水洗般平滑。在明暗光线的作用下，斑斓奇幻。大自然是奇妙的，冷硬的岩石在光、水、风的作用下也演绎出万般温柔。

"有水通过的岩石"

上羚羊峡谷在纳瓦霍语中称为"Tsebighanilini"，意思是"有水通过的岩石"。由于谷地较广，且位于地面上，所以是游客最多的部分。峡谷里的很多岩石都根据形状被印第安人所命名，如亚伯拉罕·林肯、大脚丫子、纪念碑谷落日、自由钟、黑熊，等等。

要进入上羚羊峡谷，由于地形限制，在入口处必须停车步行在沙地上约2英里（3.2千米），过去保护区允许私人的四轮传动车进入，现在所有的游客都必须搭乘保护区的大型四轮传动车，而且也取消了步行的许可，以免游客在烈日下步行发生意外。上羚羊峡谷的入口不是很明显，远远看去只有一条很细的裂缝，进入峡谷后，某些地方可能相当阴暗，没有光线直射到地面上，岩壁高耸约有20米，总长约150米，摄影师进入此区通常需备有三脚架和闪光灯，由于游客众多，想要拍到一束日光射入和无人的景观，需要一些耐心。

"拱状的螺旋岩石"

下羚羊峡谷在纳瓦霍语中称为"Hasdeztwazi"，意思是"拱状的螺旋岩石"，整年中约有9个月不会开放。位于地底下，需要爬金属梯深入地底，中途还可能需要靠一些绳索才能走完下羚羊峡谷，由于其进入的难度比较高，游客较少。但摄影师较常在这边取景。入口仅有一人宽，与地面同高，远看无法辨识。进入后急降约50米，总长非常的长，一般游客只被允许走到中途点。下羚羊峡谷的谷地变化较多，某些通道不足人高，游客可能会碰撞到头部。

📌 知识点

现在羚羊峡谷是纳瓦霍原住民保留区内的主要观光收入来源，来访的除了观光客外，还有世界各地慕名而来的摄影玩家，在此峡谷中要拍出良好的摄影作品相当困难，由于光线只从峡谷上缘进入且谷壁表面不平整，造成许多反光，摄影光圈相当不容易调整（通常需加大到10EV以上），有时细心调整所拍摄出来的作品，可能还不如随手捕捉的光影迷人。

📚 延伸阅读

纳瓦霍人，美国印第安居民集团中人数最多的一支，20世纪晚期约有17万人。散居於新墨西哥州西北部、亚利桑那州东北部及犹他州东南部。纳瓦霍人操一种纳瓦霍语，该语属阿萨巴斯卡语（Athabascan）系。

● 锡安山国家公园的红峡谷 ----------------------

锡安国家公园

锡安国家公园的前身单指锡安峡谷，长期以来人们称这一峡谷为"非锡安峡谷"。1909年，威廉·塔夫脱总统宣布它为"国家纪念地"，名字则取自派尤特印第安人的语言。1918年改称"锡安国家纪念地"，1919年，伍德罗·威尔逊总统正式宣布它为"锡安国家公园"。

现在的锡安国家公园，面积为6.07万公顷。公园里，有高大险峻的悬崖峭壁和峡谷，淙淙小溪的点缀，还有将近800种植物，75种哺乳类动物，271种鸟，32种爬虫和两栖类，以及8种鱼类。此外长耳鹿、金鹰、山狮和一些稀有物种也栖息于此地。

锡安国家公园以众多的峡谷著称，主要有两个峡谷，分别是南边的锡安峡谷（ZionCanyon）和北边的科罗布峡谷（KolobCanyons），科罗布峡谷部分在1937年被宣布为一个独立的锡安国家保护区，并在1956年合并至锡安国家公园。

锡安国家公园的许多峡谷藏匿深处，难以到达。峡谷或宽或窄，或深或浅。峡谷主要是由维尔京河（VirginRiver）切割而成。据估计，维尔京河每年从锡安国家公园带走的沉积物达300万吨。亿万年来，它锲而不舍，执著专一，流去时留下不灭的痕迹，流动中创造惊天的伟绩，峡谷越造越多，越造越深。

锡安峡谷

深谷巨岩——锡安峡谷风景区

锡安峡谷约有24千米长，宽不到1千米甚至不到1米。谷内有些地方，两人并肩站立可触及两侧谷壁。峡谷深达2000～3000米，谷壁陡直，几乎可与地面成垂直状态，险象环生，难以攀援，让人望而生畏。

红色与黄褐色的纳瓦霍砂岩（NavajoSandstone）被维尔京河（VirginRiver）北面支流所分割。其他著名特色有白色大宝座、棋盘山壁群、科罗布拱门、三圣父与维尔京河隘口。

谷中尤以岩石而著名，这里的岩石色彩绚烂，呈暗红、橘黄、淡紫、粉红各种颜色，在阳光的映衬下，流光溢彩，变幻无常。再加上周围的白杨、梣木和枫树的新绿，以及崖壁上的植被与地衣的嫩绿，经阳光照射，景色更加妩媚。

锡安峡谷最著名的是称为"大白宝座"的孤峰，此峰高达427米，从峡谷谷底平地而起，巍然耸立，其岩石色彩颇有层次，底部为红色，向上逐渐变为淡红、白色。孤峰顶上，绿树葱茏，十分峭立，仿佛一根华美的玉柱，立于五彩缤纷的峡谷之中。

锡安山过去曾是摩门教拓荒者们的圣地，"锡安山"的意思即是"上帝的天城"。现在锡安山作为朝拜者圣地的形象，渐渐被人们淡忘，而作为人们娱乐的所在使之成为一座真正的"人间天堂"。

红色奇迹——科罗布峡谷地区

从科罗布峡谷观景点放眼望去，深谷重岩，压缩着千百万年的漫漫岁月，遍布着风刀水剑的累累斫痕；高峰峭壁，饱经严寒酷暑，见证地覆天翻。

科罗布峡谷山岩挺拔，周身血迹，就像刚从疆场厮杀归来的战士；深红的路，如丝如绸，飘向远方，勾出一片天地，撩起无穷遐想。

此外，科罗布峡谷里的科罗布拱门（KolobArch），横跨94.5米，为全世界最大的天然拱门。

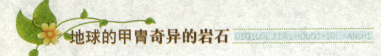

知识点

　　按照《圣经·启示录》记载，大白宝座是上帝的宝座，千禧年时，上帝在此对死者根据其生前的行为进行审判。1916年9月，犹他州奥格登市（Ogden）卫理公会（Methodist）的教士费雷德里克·瓦伊宁·费希尔（FrederickViningFisher）看到这块高出地面2400米尺的灰白巨石，十分震惊，称之为大白宝座。

延伸阅读

　　锡安：《旧约·诗篇》写道"我们曾在巴比伦的河边坐下，一追想锡安就哭了。"锡安是主所赐予的名称，用来称呼那些一心一德、居于正义之中、没有任何贫苦者的人民。锡安也是地名，是古时候正义的人民聚集之地，而且有一天将再聚集于该地。

●纪念谷的奇丘异石 ----------------------------

世界上最美的日落山谷

　　纪念谷国家公园位于亚利桑那州与犹他州交界的印第安保留区里。被誉为世界上最美的日落山谷。

　　纪念谷属于印第安遗址公园，是美国科罗拉多大峡谷景区的一部分。其实，纪念谷并不是一个山谷，而是建筑在一片宽广平地上的风景：红色的孤峰和尖塔耸立着有上百米高。沉积岩层曾经覆盖了整个地区，而这里是最后的遗存。纪念谷是美国西部持久的象征。红色的平顶山矗立在沙漠中，色彩鲜明，主要包括奇特的砂岩地貌，印第安内瓦和部族领域和四州交界纪念碑。

　　纪念谷这里是一片红色的土地，是印第安人保留区，是纳瓦霍人的故乡。和大多数印第安人保留区一样，纪念谷一直都是相当闭塞的穷乡僻壤。

纪念谷的特色

纪念谷的特色是在一片空旷的平野中，有许多经大自然雕琢后造型奇特的岩石耸立其间，都是风化的红砂岩，多为峻峭陡壁，有些风化成柱，成片状，蔚为奇观。岩石颜色多为深绛红色，形状各异，大小不一，大的如

纪念谷

荒原上突然升起的一片高台，称为Mesa（岩石台地），小的周长大约只有一两百米，称为Butte（孤立的丘）。这些岩石的形状像纪念碑一般，故称"纪念谷"。

纪念谷广阔戈壁上散布着台地、柱突和各种造型，远看像桌面上摆的盆景，近看方知个个庞然大物。"太阳眼"、"风之耳"这些岩洞，光是这些名字就叫人遐思，也许把它们摄入镜头按下快门的瞬间，也体会到印第安人推崇的神圣。

奇丘异石，露天艺术

进入谷底，抬头仰望一座座最高达300米的高台，裸露出岁月和风沙刻下的深深皱褶，带着君临天下的霸气，展现着气宇轩昂的深红；那傲然挺立的孤丘独岭，呈现凌厉倔强的红；千姿百态的石塔尖峰是层次分明的红；优美婉约的石柱则是柔和明丽的红；乃至整片荒漠都散发出红彤彤的光芒，如火如荼。

石壁、石柱、石笋均铆足了劲展现风姿，煞是壮观，仙风道骨的"图腾柱"直径仅数米，高达100多米，在骄阳下展示出翩然的气韵。

看那陡然耸立的红色砂岩被风沙侵蚀得奇形怪状，火一般的红色戈壁上只有一些灰绿色的低等植物散落着，猛烈的骄阳直射下来，寂静的西部戈壁上这群耸立的奇石确实令人感到有一种荒野的力量，一种旷世的悲凉。

知识点

大约5000万～7000万年以前，纪念谷还是一片汪洋大海，后来地壳抬升，海水干涸，厚达数十米的海底沉积层露出地表。风就像如椽巨笔经年雕琢，将沉积层幻化为千姿百态的高台孤丘，组成这座气势磅礴的露天艺术殿堂，凄美得让人心悸。

●峡谷地国家公园的沉积岩 ----------------------

"天然地质博物馆"

峡谷地国家公园位于美国犹他州的东南，在格林河和科罗拉多河汇合

纳瓦霍人

处。系由多年河流冲刷和风霜雨雪侵蚀而成的砂岩塔、峡谷等，成为世界上最著名的侵蚀区域之一。以其峰峦险恶、怪石嶙峋著称。1964年正式建为峡谷地国家公园，占地面积1366平方千米。

峡谷地国家公园地处科罗拉多高原的中心地带，蜿蜒其间的科罗拉多河和格林河施展以柔克刚的绝技，将这片沉积岩磨琢成数以百计的峡谷、平台、孤峰、鳍状岩、拱门和尖塔，并将整个公园分割成三个完全分离的区域：高空岛屿区、尖柱群景区和迷宫景区。

峡谷地国家公园在拱门国家公园西南侧，距离摩押小镇（Moab）只有48千米。面积广阔的峡谷地国家公园，堪称"天然地质博物馆"，也是徒步旅行者挑战自我的探险揽胜之地。

峰峦险恶、怪石嶙峋

其景观是广漠无边的大，八荒九垓的阔。园内有依其形状、颜色及各种特征取名的台地、峡谷等景观，如黄金梯、大象峡、魔鬼篷、天仙岛、娃娃石、挂毯石、马蹄谷，还有壮观台、石阵等。

这是一片规模巨大、大开大阖的荒野风光。这里没有公路，所谓路，全部是四轮驱动越野车才能通行的小道，是整个美国公认的人类最难以进入的地区之一。

📝 知识点

拱门国家公园，1971年建立。这里是世界上最大的自然沙岩拱门集中地之一，光是编入目录的就超过2000个，其中最小的只有1米，最大的景观拱门则长达102米。公园里不只有拱门，还有为数众多的大小尖塔、基座和平衡石等奇特的地质特征；所有的石头上更有着颜色对比非常强烈的纹理。石头的成因为3亿年前这里曾是一片汪洋，海水消失以后又经过了很多年，盐床和其他碎片挤压成岩石并且越来越厚。之后，盐床底部不敌上方的压力而破碎，复经地壳隆起变动，加上风化侵蚀，一个个拱形石头就形成了。直到今天，新的拱门仍持续制造中；反之，老拱门也在逐渐走向毁灭。

延伸阅读

科罗拉多高原为典型的"桌状高地"，也称"桌子山"，即顶部平坦侧面陡峭的山。这种地形是由于侵蚀作用形成的。在侵蚀期间，高原中比较坚硬的岩层构成河谷之间地区的保护帽，而科罗拉多河谷里侵蚀作用活跃。这种结果就造成了平台型大山或堡垒状小山。科罗拉多大峡谷岩壁的水平岩层清晰明了，这是亿万年前的地质沉积物。岩石并不通体都是坚硬的，其中那些脆弱的部分，经不住风吹雨打或激流冲击，时间一长便消失得无了踪影，而留下来的部分，其形状往往很奇特。

奇石异像怪石成群

　　山山水水、花花草草，都是大自然的一笑一颦，即使是石头也能令人惊讶叫绝，尤其是罕见的怪石群景观。这些天然石雕，有的惟妙惟肖，妙趣天成，有的则似是而非，朦朦胧胧，更具抽象美，有时甚至会令人进入看什么是什么，想什么像什么的绝妙境界。

　　亚洲规模最大、最为壮观的硅化木群石树沟，保留了树木的木质结构和纹理，遗留着原木斑斓的色彩；奇特的化石林绚丽的集中在美国的化石林公园，一根根石化的树干，宛如废墟上的残柱，组成了一片奇特的岩石"森林"；巧夺天工的石头世界新疆怪石峪，更是见证了海枯石烂，体验了沧海桑田；精灵烟囱酷似锥形的尖塔，被大自然赋予一块更加松软的玄武岩"帽子"。野柳的岩石造就了海蚀洞沟、蜂窝石、烛状石、豆腐石、草状岩、壶穴、溶蚀盘等绵延罗列的奇特景观。真是大自然的巧手谁与争锋？

●历史痕迹化石林 ————————————————————

千姿百态、异样森林

　　世界上最大、最绚丽的化石林集中地是美国的化石林国家公园，它位于亚利桑那州北部阿达马那镇附近。数以千计的树干倒卧在地面上，平均宽度0.9~1.2米，长18~24米，最长达37.5米。在完整的树干周围，还有许多零散破碎的木块。这些石化的树木，年轮清晰，色彩艳丽，就像大块碧玉与玛瑙之间夹杂着一片碎琼乱玉似的，在阳光下熠熠发光，使人叹为观止。

　　美国化石林国家公园的化石林可谓千姿百态，绚丽动人，"碧玉森林"、

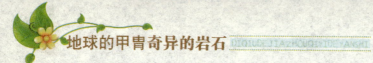
"水晶森林"、"玛瑙森林"、"黑森林"……光是这些称呼就足以让人目眩，这世界上最大最美的化石林向世人展现着它的另一番别样景致。

但是不管游客如何喜爱那些琳琅满目的可爱岩片，采撷一两片带回家去却是绝对不允许的。据说，在最早一批探险家发现化石林之前，岩石晶体的颜色还要丰富得多。后来，随着人们纷沓而至，将晶体开采后运出园外，当时一些很常见的颜色，像半透明的紫水晶色、烟白色、柠檬黄色的晶体，现在已经见不到了。

最美丽的是"彩虹森林"，这里遍布五彩斑斓、犹如镶金叠玉的石化树木，年轮清晰，纹理斐然，在阳光之下闪闪发光。它们原是史前林木，约在1.5亿年前的三叠纪年代，由于洪水冲刷裹带，逐渐为泥土、沙石和火山灰所掩盖，几经地质变迁，沧海桑田，陆地上升，使这些埋藏池下的树干重见天日；可是其水质细胞，经历矿物填充和改替的过程，又给溶于水中的铁、锰氧化物染上黄、红、紫、黑和淡灰诸色，这就成了今天的五彩斑斓、镶金叠玉的化石树。

园内还有几处印第安人废墟和重建的供游人参观的印第安人村落、史前时期的飞狮石刻和有宗教及部族象征意义的图案。园内有羚羊、山猫、郊狼、响尾蛇等野生动物以及丝兰花、百合、仙人掌、紫菀等植物。在零星散落的彩色化石岩林中，有一处景致不可错过，那就是长200米，名为"蓝色弥撒"的环行路两侧山坡的迷人景色。从路中向下俯视，蓝紫色的山丘高矮起伏，营造出一种身处外星球的奇异梦幻的色调。

"彩色沙漠"

在化石林国家公园中的许多处化石林中，尤以公园南门附近的"彩色沙漠"最为著名。光秃起伏的沙丘地，单一呆板的土黄色，美国化石林国家公园内这片荒漠原本只是了无生趣的沙丘地。但是，有了屹立在沙丘上的一片彩色岩石林的点缀和渲染，原本平淡无奇的荒丘顷刻间幻化成了色彩斑斓、情趣盎然的"彩色沙漠"。化石林公园中央贯穿有一条长45千米的公路。这些景点或侧重于横穿彩色沙漠的狭长山谷的恢宏气势，或侧重于富有印第安土著文化特色的岩石雕刻。当然，最吸引人的景色还是要数由2.5亿年前的树木演化沉积而成的彩色岩石。

知识点

据说，"彩色沙漠"的奇异景致最早是由来此探险的一群西班牙探险家发现的。他们惊诧于这里的"岩石"呈现出的宛如七色彩虹一般多彩、明快的色调，于是给这片岩石地取名"彩色沙漠"。

延伸阅读

化石是存留在岩石中的古生物遗体或遗迹，最常见的是骸骨和贝壳等。研究化石可以了解生物的演化并能帮助确定地层的年代。保存在地壳的岩石中的古动物或古植物的遗体或表明有遗体存在的证据都谓之化石。

化　石

●石树沟硅化木岩石 ----------------------------

亚洲规模最大、最为壮观的硅化木群

硅化木当地人称为石树，是一种树木的化石，在世界各地都有发现，有很高的地质和古生物研究价值。像将军戈壁上遗存的这么完整，这么大规模的硅化木群，在全世界都极为罕见。将军戈壁上的吉木萨尔、奇台、木垒境内都有分布，如吉木萨尔的滴水泉、奇台的石树沟、木垒的北塔山下都存有规模可观的硅化木群，其中以奇台石树沟的硅化木群规模最大、也最为壮观。

石树沟现存的硅化木，是目前亚洲最大的硅化木群，在全世界也名列前茅，这里有一根26米长的硅化木，比世界之最美国硅化木少了4米，屈居世界第二。这片硅化木总面积大约1.6平方千米，共遗存硅化木1000多株，而且多保存完整。

硅化木的形成

石树沟位于新疆奇台县北，距县城100多千米，四周不远就有魔鬼城、恐龙沟、石钱滩等景观。石树沟海拔仅540米，地势低洼，附近是一些低矮的小丘，遍地都是火烧的痕迹，色彩赭红，可能与火烧山属同一种地貌。据专家考证，在1.3亿年前，这里曾是一片生机勃勃的原始森林，生长着云杉、水杉、落叶松、金钱松、银杏、白桦等几十个树种，后来又出现了"木贼"、苏铁、羊齿及其一些矮小的灌木。

石树沟

可以想象，那时这里是一个多么美好的地方：仰看古木参天，低头绿草如茵，一群群的史前动物游戏其中，体态臃肿的恐龙，身体细长的水龙兽，威猛无比的剑齿虎，还有数以万计的各种禽鸟争鸣其间，比起今天的亚马孙原始森林也决不会逊色。然而一场突如其来的浩劫，夺去了这里的一切，强烈的地壳运动，将这片森林深埋地下，连同那些可爱的动物。大自然就是这样无情。随后，含有二氧化硅的水渗入地下，便使树木形成现有硅化木，而稍浅一些的则形成煤炭。又是多少万年后，在新的地壳运动和风的作用下，这些石化树木又重见天日，覆盖其上的煤炭最先被燃烧殆尽，幸好这些树木已具有了石的属性，才幸免了另一场火的劫难。

千姿百态的硅化木

这些来自远古时代的大自然子民，虽然历尽上亿年的磨难，仍保持一种孤傲不屈的品格。一株株打量过去，石化的树木散落在戈壁。只见它们神态各异，心事各异，有的树身完整，像刚刚伐倒，还散发着树脂的新鲜气息；有的则断成数截，但依然保持完整的躯势；有的卧于山巅，像巨蟒探出头来俯瞰大地，将一声没喊出来的呐喊噎在喉头；有的半截埋在山体，半截戳了出来，昂头翘尾，挣扎出世；有的一头倒在沟渠之上，成一座天然独桥。

硅化木高矮不等，高者近2米，矮者几十厘米。它们不仅高矮不等，而且粗细不均，高者几近2米，矮者不过几十厘米，粗者三人合抱不拢，细者也不过一握。然而，它们以树纹呈现出来的表情却是相同的，以几万年的执著，屏住意念地等待。

最引人注目的是那些已躺倒在地的树干，那棵硅化木之王就卧倒在这里，最粗的一株直径竟达二三十米。有的树身完整就像刚被放倒；有的已断成数截，但仍保持着完整的躯势。有一棵正好卧倒在一条小沟之上，就像一座天然的桥梁，传说只要青年男女携手从这里走过，就会相爱一生，所以，来此旅游的人不论老少，都要在上面走一走。最让人感叹的是那些树墩，虽

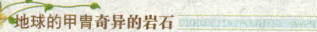

然它们的生命被摧残到极限，但它们裸露的根系就像强有力的鹰爪，牢牢地抓紧它脚下的泥土，所以凡有树墩的地方，一定高出地面许多，就像一个个坚固的碉堡，固守着一个远古生命的信念。

硅化木的考古价值和经济价值

此外，硅化木还被称做神木。《大唐西域记》中唐玄奘从西域带回三件宝：佛经、释迦牟尼的舍利丸、神木（木化石）。佛学禅宗认为"万物俱灭，唯有石头传世"，木头变为顽石是神的造化，神木又称为禅石，信奉佛教的西域回纥人不断向长安进贡神木，长安城大寺院以拥有一块神木而荣耀。在奇台，一位研究石谱的专家讲"神木"在日本演化成"神户"的故事。

硅化木除了高度的考古价值，它的经济价值也很可贵。硅化木质地细腻、坚硬、色泽丰富又有清晰的纹路，是高档工艺品加工的优良材料。所以近年有许多不法分子前来盗采，使硅化木群遭到一定程度的破坏。但有关部门已加强了管理，并拨出经费对重点硅化木进行了封闭保护，破坏硅化木的行为正得到有效的遏制。

硅化木群正在被开辟成向世界开放的景区，一些配套服务设施也正在筹划中，相信不会太久，这里一定会成为人们向往的旅游景区。

知识点

硅化木是真正的木化石，是几百万年或更早以前的树木被迅速埋葬地下后，其组织被地下水中的二氧化硅置换而成的树木化石。它保留了树木的木质结构和纹理。颜色为土黄、淡黄、黄褐、红褐、灰白、灰黑等，抛光面可具玻璃光泽，不透明或微透明。

延伸阅读

相传唐开元二十六年（738年），学成归国的日本学子得到唐玄宗的奖赏，一块五尺长的神木运到日本，成千上万的僧侣到海岸迎接，神木供奉在寺院里，所在地更名为神木，寺院声誉大振，神木登陆的海湾几乎家家户户都有人出家为僧，小镇因而得名神户。近几年许多日本学者到新疆谒拜神木家园，常常跪倒在戈壁砾石上，拥抱着神木流下热泪。

●卡帕多奇亚奇石精灵烟囱 --------------------

独一无二的神奇地貌

卡帕多奇亚以独特的喀斯特地貌焕发着摄人魂魄的美，令无数旅行者魂牵梦萦，这曾被美国《国家地理》杂志评选为十大地球美景之一。

卡帕多奇亚距离土耳其首都安卡拉约260千米，位于安那托利亚中部的高原。人类在那里居住至少有8000年，在历史上有很长一段时间与世隔绝，不通音信。在这里，自然的伟大力量锻造出了世上独一无二的神奇地貌。

光阴荏苒，历史上不断有入侵者对卡帕多奇亚产生兴趣。由于卡帕多奇亚人向波斯人进贡了健壮的马匹和技艺精湛的金银工匠，波斯人把这里叫做"卡帕多奇亚"（Katpatuka），在古波斯语中的意思为"纯种马之国"，其寓意就是美丽的马乡，这是因为当时卡帕多奇亚人用马匹作为祭品。

如神话般壮美的神奇"烟囱"

卡帕多奇亚的精灵烟囱林林总总，冲天而立，形成独特的石林景观。有的像一根纤细的电线杆，有的则像一座巨大的碉堡。有的呈浅红色、赭色或棕色，有的则呈灰色、土黄色或乳白色。岩石表面甚为光洁，随着阳光和云影的变幻不断改变自己的色调。

在空中俯视卡帕多奇亚地区最为奇妙，这里集中山谷、沟壑、沙丘、石林等众多差异很大的景观。卡帕多奇亚岩石表面光洁，在阳光和云影的变幻中，奇特的古城堡也不断地变换着自己的色调。一块块淡黄发白的岩石，或是高起如锥，或是尖耸如金字塔，或是像戴帽子的城堡，也或是像一枚枚巨大的尖钉突起在山坡上，还有一块块沟壑纵深的岩石连绵成片，形成了一座座奇特的山谷。在高原湛蓝天空的映衬中轮廓分明，在强烈的阳光直射下熠熠生辉。

神奇烟囱景观的形成

数百万年前，三座火山（Erciyes、Hasandag和Golludag）先后大爆发，火山灰覆盖了卡帕多奇亚地区，喷出的大量岩浆冷却、钙化，凝固成的风化岩层具有良好的可塑性，易于受腐蚀。之后，较耐腐蚀的玄武质火山岩覆盖了松软的风化岩层。

随着时光的流逝，玄武质岩石碎裂，变得疏松，将松软的风化岩重又暴露出来。慢慢地，除了被玄武岩像伞一样遮盖起来的地方外，雨水把风化岩石侵蚀出一条条沟壑，形成了陡峭的神奇烟囱景观。也有些坚硬的石灰岩被磨出平滑的石头波浪。岩石一波一波卷向前方，随阳光的变幻，岩石的颜色可以由白到粉红再变成暗紫色。

卡帕多奇亚的无限魅力

卡帕多奇亚的奇岩地貌仿佛月球的表面，绵延几千千米。而它的魅力远不止于此。让卡帕多奇亚久负盛名的还有建于10世纪、装饰着华美壁画的拜占庭风格的岩窟教堂。其中最有名的要算已经列入联合国教科文组织世界遗产名录的格莱梅露天博物馆所包罗的数十座中世纪岩窟教堂。

数个世纪前，人们掏出岩壁里松脆的石头，挖成窑洞居住。除此之外，还凿出了寺庙和教堂。早期的基督教徒在这些教堂中绘制壁画，以表示自己虔诚的信仰。时至今日，已经发现了超过600个民居、教堂和寺庙的遗址，其中大部分都装饰有壁画。

通过这些绘画，可以看到卡帕多奇亚的守护者——拜占庭帝国在历史上遭受的苦难。由于中世纪早期席卷当地的一场宗教运动（禁止出现人的形象，以抵抗偶像崇拜），画中的人物脸部大都遭到毁损。

但直到现在在卡帕多奇亚的洞穴顶部以及墙壁上还可以看到1000多年以前留存下来的许多精美的壁画。虽然基督教徒从这里消失了，但基督教的建筑却在这里大量遗留下来，属于基督教的文明在这里一直延续了下去。

拜占庭帝国建筑

📌 知识点

因为卡帕多奇亚地貌的特殊性，这里是好莱坞大导演们的最爱，其中最著名的莫过于星球大战第一部，影片中的外星人基地就是这里。风、雨和地表径流一道，造就了仿佛来自童话故事或者科幻电影中的景色：一路上，可以饱览如神话般壮美的神奇"烟囱"，有的高耸陡峭，有的像笋尖，有的如柱形，还有色彩斑斓、高低起伏的小山，以及一丛丛绿意盎然的杨树。

📚 延伸阅读

拜占庭帝国，又称东罗马帝国。位于欧洲东部，领土曾包括亚洲西部和非洲北部，是古代和中世纪欧洲历史最悠久的君主制国家。拜占庭帝国通常被认为开始自公元395年至1453年。在其上千年的存在期内它一般被人简单地称为"罗马帝国"。帝国的首都为新罗马，即君士坦丁堡，现在的伊斯坦布尔。

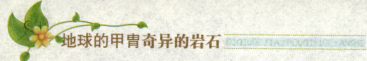

●野柳地质公园奇石 ----------------------------

独特的野柳风景区

野柳风景区位于台湾基隆市西北方约15千米处的基金公路，是一突出海面的岬角（大屯山系），长约1700米，远望如一只海龟蹒跚离岸，昂首拱背而游，因此也有人称之为野柳龟。受造山运动的影响，深埋海底的沉积岩上升至海面，产生了附近海岸的单面山、海蚀崖、海蚀洞等地形，海蚀、风蚀等在不同硬度的岩层上作用，形成蜂窝岩、豆腐岩、蕈状岩、姜状岩，风化窗等世界级的岩层景观。

野柳奇岩怪石的形成

进入野柳风景区，沿着步道而行，一路可尽览奇特的地质景观。野柳长约1600米，宽仅250米，有丰富的海蚀地形，在2000多万年前，台湾仍在海里，由福建一带冲刷下来的泥沙，一层层地堆积出砂岩层，600万年前的造山运动把岩层推挤出海面，造成台湾岛，野柳是其中的一部分。造山运动挤压时，在野柳的两侧推出两道断层，断层带破碎易受侵蚀，所以两侧凹入成湾，中间突出形成海岬。接下来，在海浪、雨水和风的侵蚀和地壳不断的抬升下，造成野柳的奇岩怪石。

在海里下倾斜的岩层受到挤压，产生节理，地壳继续上升，岩层露出海面，受到海浪拍打，节理被海水侵蚀越扩越大，地壳继续上升，下层的岩层也受到海浪拍打侵蚀，由于岩质较软弱，侵蚀速度较快，形成脖子细长的蕈状岩。一个个长得像洋菇模样的蕈状岩，头上布满许多大大小小的坑洞，远看好像蜂窝一样，仔细看所有蕈状岩的头部，似乎可以连成一个平面，这是因为这一层岩石含钙质或生物的碎屑比较多，而且常有结核，当这些受到海浪冲击，又被海水或雨水溶解，就会出现小洞，小洞岩壁继续受溶蚀作用便会逐渐扩大。

岩层中有许多小型的结核，海浪侵蚀岩层时，有些结核会露出岩层表面，凸出的小结核比周围的岩层坚硬，所以海水会沿着它的外围，就像人站在沙滩上，海水顺着人的脚形流下，脚周围的沙就会凹陷下去一样，结核四周的凹槽盛装着海水，使附近的岩层得以保持潮湿，但距离较远的岩层由于受到海浪与风化侵蚀，干湿交替影响，岩质较为脆弱，在海水不断侵蚀下，岩层逐渐剥落，就形成了圆柱的烛台，烛台石的特异造型举世无双，每一支烛芯的大小形状都不同，像是被风吹动的烛火，或明或暗，真是太奇妙了。

野柳风景区奇石

风景区分三大区：第一区女王头、仙女鞋、乳石等，第二区豆腐岩、龙头石等，第三区海蚀壶穴、海狗石等。

第一区属于蕈状岩、姜石的主要集中区。在第一区中可看到蕈状岩的发育过程，同时也有丰富的姜石、解理、壶穴与溶蚀盘，著名的烛台石与冰淇淋石也位在本区。

第二区的地景与第一区相似，皆以蕈状岩及姜石为主，但数量比第一区少，著名的女王头、龙头石与金刚石皆位于本区。于第二区靠近海边可看到三种形状特别的岩石，分别取名为：象石、仙女鞋和花生石。三者都是岩层中形状特殊的结核，经过海水侵蚀后，而突出于海边的小地景。

第三区是野柳另一侧的海蚀平台，比第二区狭窄，平台一侧紧贴峭壁，另一侧底下则是急涌的海浪，在这里可看到不少怪石散置其间，其中，较特殊的有二十四孝石、珠石、玛伶鸟石，三者都是形状特殊的结核，经过海水侵蚀后，所呈现的奇特岩石。第三区除了奇岩怪石的自然地景之外，同时也是野柳地质公园内重要的生态保育护区。

知识点

蕈状岩是野柳最具代表性的地形景观，尤其是"女王头"雍容尊贵的形态，

早已成为野柳地质公园的象征。女王头本身就是一个蕈状石，形成原因和其他蕈状石大致相同。由于它的颈子修长、脸部线条优美，神态像极昂首静坐的尊贵女王，大家才特别称它为"女王头"。

延伸阅读

蕈状岩的演育过程要历经千百年，一颗颗活像是大香菇的蕈状石，是野柳最引人注目的风景。蕈状石，因外观像是一柱擎天的巨型香菇，因此又称为擎柱石，整个野柳公园内有180余个，完整地记录了蕈状岩的演育过程。

●怪石群库怪石峪 --------------------------------------

巨大的怪石群库怪石沟

山，不仅仅是山，几乎这里所有的石头都是独立的，石头与石头相互叠加在一起，就形成一种高度。这些石头的模样非常传神奇特，所有的石头都可以拥有一个独特的名字。这里就是怪石峪。

怪石峪是中国西部巨大怪石群库之一。位于博乐市东北38千米处，东西长20千米，南北宽7千米，总面积230平方千米，海拔1200米，素以奇石象形闻名遐迩。怪石沟里怪石林立，被当地的哈萨克族人称为"阔依塔什"，意思是像"羊一样的石头"。

怪石峪怪石嶙嶙

怪石峪历经沧海桑田、风沙侵蚀，形成现今山石怪异、孔穴象形花岗斑岩地貌，实

怪石峪

属神奇巧合、自然天成。

怪石峪内石笋耸立、石菇丛生、石廊迂回、石径通幽，还有银河瀑布、玉阶升天、天桥横过等异境，可谓鬼斧神工、天公造化。这里岩石裸露、怪石遍地、异态纷呈，有的状如天狗望月、苍鹰俯鼠、大象戏水、沙海驼峰、石猴护子、鲨鱼跃水，有的宛如古堡、亭阁，众石各异。怪石的面目，往往因观赏位置的不同，昼夜晴雨的交替，晓霞暮霭的变幻而变化，几乎每块怪石都有不同的来历和传说，这就赋予了各个奇石以性格。游人自可浮想联翩、驰骋思绪、任意评点。

怪石山下，林木丛生，小溪蜿蜒，潭泽连珠，丛丛绿荫、山花遍地。怪石峪山顶又是一道亮丽的景观，登上山顶，放眼远眺，连绵草场，尽显粗犷边塞风景。此外，怪石峪的石头上有灰色或赭石色的苔藓，那些苔藓会随着季节的变化而变化，夏天多呈灰色或赭石色，而冬天就奇迹般变成了鲜亮的红色。古人云："凡山皆有石，有石非皆怪，一山多怪石，此山非凡山。"漫步在形状各异的山石间，感受着怪石峪的怪石，领略着大自然美不胜收的奇观，体味着奇石所引起的遐想……挥别怪石峪之后，对怪石峪的留恋惜别之情久久不能散去。

怪石峪承袭灵气之石

如来佛祖：在"如来佛祖"那块大石头上，佛祖背过身去侧身躺着，头枕着一只手，像是刚刚圆寂的样子，形态活灵活现。石头上凿刻着"阿弥陀佛"的字样。在石头前，放置着祭拜佛祖的龛台，旁边立着一个功德箱，龛台上面，那香正燃得起劲。在"佛祖像"石头的对面，有一座石头盖成的青色小屋子，那么宁静。

两只小绵羊：两只小绵羊形的石头，显然不是拼凑的石头伴立而卧，而是在一块垂直的大石头上，形似凿刻出来的两只绵羊的图案。两只小羊背靠背而坐，像一对至交的朋友品味着在一起的欢乐时光，又像是一对亲密的情

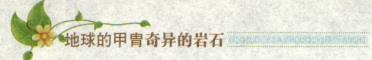

侣，背靠着背遵守着幸福而又静谧的誓言。

怪石峪的形成

据考证这里2.3亿年前是海底，由于火山爆发岩浆堆积而成花岗斑岩。1.9亿年前，由于地壳运动，炙热岩浆侵出地表形成花岗斑岩。花岗斑岩在冷却的过程中形成了许多原生立方体节理（裂缝），节理就成为日后风化侵蚀的突破口，整块岩石慢慢分割成相对独立的块石，球状风化继续深入进行，便形成了石蛋地形，如现在人们所看到的"飞来石"。

在怪石峪地区昼夜、冬夏温差大，岩石产生强烈的物理胀缩作用，由于岩石中不同矿物胀缩率不同，粗粒斑晶在强烈的差异胀缩反复作用下而崩解，再加上长石和云母的水解腐蚀，花岗斑岩表面逐渐疏松，经过暴雨的洗刷，岩面形成凹处，强风又将松散的岩屑吹走，如此反复，岩面上的凹穴不断增大，逐渐形成了孔穴地貌。

知识点

苔藓会随着季节的变化而变化，原因在于那些花岗岩矿物的石头里还有金属的原色，因此在冬季暖阳的照耀下凸显了它们的本来面目。但我们认为，这是因为冬天色彩过于单调，显现明丽的颜色是为了增加冬季单调的生机，色彩是与石头达成了高度的默契。

延伸阅读

花岗斑岩属于酸性岩，杂色；斑状结构；块状构造；主要矿物组成为钾长石、石英，有时也有黑云母和角闪石。石英斑晶往往呈六方双锥状。钾长石为正长石或透长石。黑云母和角闪石有时可见暗化边。斑晶通常被基质熔蚀，基质呈微花岗结构。